KB127806

CAN NEUROSCIENCE CHANGE OUR MINDS?

신경과학이 우리의 미래를 바꿀 수 있을까?

신경과학의 신화와 실제 사이의 과학적·사회학적 질문들

초판 1쇄 발행 2019년 8월 31일

지은이 힐러리 로즈, 스티븐 로즈
옮긴이 김동광
편집 김영미

펴낸곳 이상북스
펴낸이 송성호
출판등록 제313-2009-7호(2009년 1월 13일)
주소 10546 경기도 고양시 덕양구 향기로 30, 106-1004
전화번호 02-6082-2562
팩스 02-3144-2562
이메일 beditor@hanmail.net

ISBN 978-89-93690-66-8 (03470)

이 도서의 국립중앙도서관 출판예정도서목록(CIP)은 서지정보유통지원시스템 홈페이지 (http://seoji.nl.go.kr)와 국가자료공동목록시스템(http://www.nl.go.kr/kolisnet)에서 이용하실 수 있습니다.(CIP제어번호: CIP2019032745)

신경과학이 우리의 미래를 바꿀 수 있을까?

신경과학의 신화와 실제 사이의 과학적·사회학적 질문들

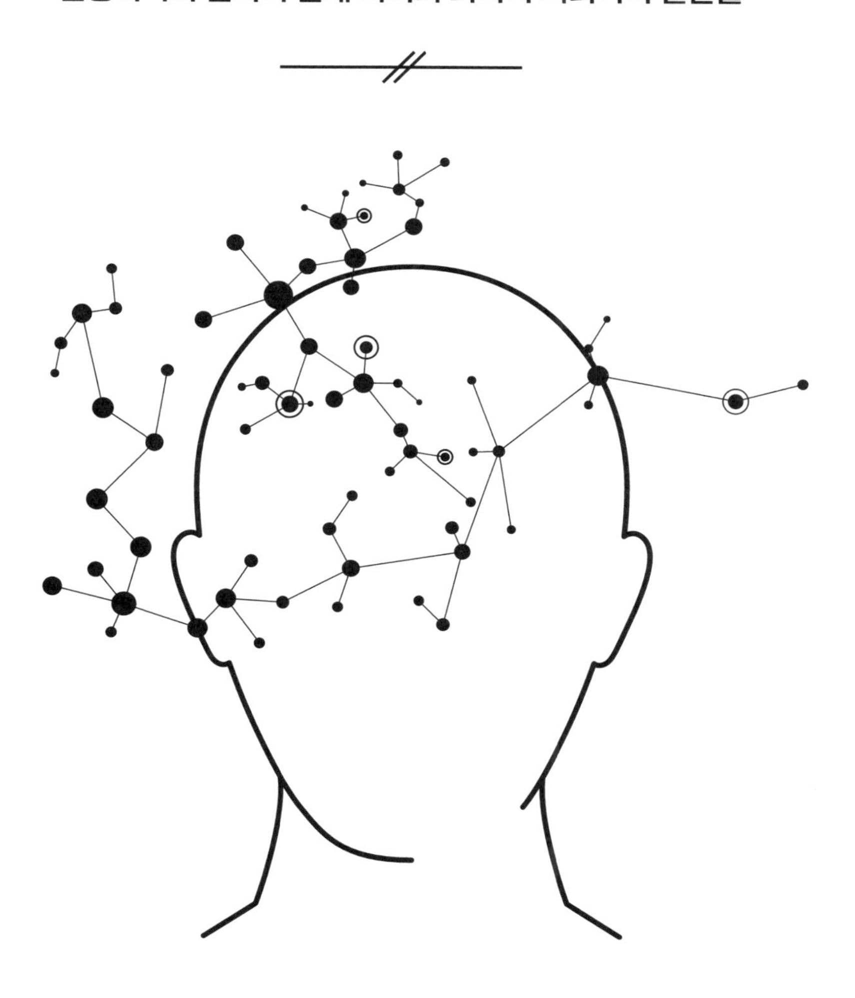

힐러리 로즈 & 스티븐 로즈 지음 | 김동광 옮김

이상북스

* 일러두기: 저자의 주는 미주로, 옮긴이의 주는 각주로 표기했다. 단행본은《 》, 보고서 및 각종 정기·부정기 간행물은〈 〉, 논문은 “ ”으로 표시해 구분했다.

* 이 책은 2016년 대한민국 교육부와 한국연구재단의 지원을 받아 수행된 연구임. (NRF-2016S1A5B5A07921038).
* This work was supported by the Ministry of Education of the Republic of Korea and the National Research Foundation of Korea (NRF-2016S1A5B5A07921038).

원고를 검토해 준 시몬 깁스(Simon Gibbs), 모린 맥닐(Maureen McNeil), 헬렌 로버츠(Helen Roberts)와 빈스 월쉬(Vince Walsh)가 베풀어 준 후한 도움에 감사한다. 이들은 교육심리학, 여성학과 문화 연구, 의료사회학, 신경인문학 등 무척 상이하고 다양한 학문 분야에 속하며, 신경교육의 주장들을 대중적으로 검증하고 논의하려는 우리의 지적이고 정치적인 프로젝트에 매우 중요한 양분을 제공해 주었다.

스티븐의 동생인 사회학자 니콜라스 로즈(Nikolas Rose)의 관점을 통해, 특히 좋은 음식과 포도주와 함께 신경과학 및 그 이론적 틀에 대해 토론할 수 있었던 것도 무척 즐겁게 생각한다. 폴리

티 출판사의 명민한 편집자 조나단 스케레트(Jonathan Skerrett)와 함께 작업할 수 있었던 것은 크나큰 기쁨이었다. 또한 그들의 연구로부터 도움을 받았지만 이 짧은 책에서 미처 감사를 표현하지 못한 많은 이들에게도 감사의 마음을 전한다.

과연 신경과학은 우리의 마음을 이해할 수 있을까?

어느새 신경과학은 우리 주변에 깊숙이 들어와 있다. 그 명칭은 뇌과학, 뇌신경과학, 인지신경과학 등 여러 가지로 쓰이고 있지만, 인간을 비롯한 생물이 어떻게 자신을 둘러싼 주위 세계를 인식하고 기억하면서 생명을 유지하고, 관계를 맺고, 순간적으로 복잡한 의사결정을 내리는지 과학적으로 이해하려는 시도라는 점에서 많은 사람들의 관심을 끌고 있다. 내가 일반인이나 중·고등학생을 대상으로 과학 강의를 할 때, 많은 사람들이 미래에 가장 주목할 만한 기술 또는 자신이 진출하고 싶은 분야 중 하나로 꼽는 것이 바로 신경과학이다.

이처럼 신경과학이 많은 사람들의 관심을 끄는 이유 중 하나는 특히 최근 우리 시대의 화두가 된 인공지능(AI)의 기본 원리인 인공신경망(neural network)이나 딥러닝(deep learning)과 같은 기법들이 사람의 뇌와 정보처리과정을 모형으로 삼아 본뜨려고 하기 때문일 것이다. 사실 신경과학은 그 분류상 생물학의 한 분과로 볼 수 있지만, 인공지능을 비롯해 철학·심리학·컴퓨터공학·의학·병리학 등 수많은 학문 분야들과 떼려야 뗄 수 없는 밀접한 관계를 맺고 있는 간(間)학문적 접근방식이라고 할 수 있다.

이 책을 쓴 힐러리 로즈와 스티븐 로즈 부부는 1960년대라는 서구 사상사의 독특하고 매력적인 시대를 풍미한 영국의 학자이자 행동주의자로, 이미 여든이 넘은 나이에도 불구하고 신자유주의 시대에 과학과 사회의 복잡한 얽힘을 비판적 관점으로 성찰하는 뛰어난 저술 활동을 계속하고 있다. 스티븐 로즈는 기억 형성의 생물학적 과정과 알츠하이머병을 연구한 신경과학자로, 그의 《새로운 뇌과학》《유전자 세포 뇌》 등의 저서는 국내에서도 많이 소개되었다. 힐러리 로즈는 페미니스트이자 과학사회학자로 페미니즘이 어떻게 과학을 변화시킬 수 있는가라는 실천적 관점에서 과학을 성찰하는 연구를 계속하고 있다.

로즈 부부는 1960년대의 신좌파 과학 운동인 급진과학운동

(radical science movement)을 이끈 주역이다. 급진과학운동의 뿌리는 제2차 세계대전 당시 히로시마와 나가사키에 투하된 원자폭탄에 반대했던 과학자들의 1950년대 퍼그워시(Pugwash) 운동에까지 거슬러 올라가며, 본격적으로는 전후 군산 복합체의 등장과 월남전으로 첨단 과학기술이 국가와 자본에 포섭되는 것을 비판한 1960년대 과학기술자 운동, 그리고 1970년대 재조합 DNA의 위험성을 둘러싼 논쟁 등으로 이어졌다. 로즈 부부는 그 후에도 에드워드 윌슨(Edward O. Wilson)이 제창한 사회생물학의 우생학적 경향과 환원주의 비판, 2003년에 완성된 인간유전체계획이 인간의 본성과 질병을 유전자로 환원시키려는 경향과 지나친 기대의 거품을 양산하는 문제에 대한 비판 등을 이어갔다. 그리고 최근에는 새롭게 부상하는 신경과학이 신자유주의의 이데올로기를 뒷받침하고 생물학적 환원주의의 변형판인 신경본질주의를 전파시키고 있다고 비판하는 작업을 활발히 전개하고 있다.

저자들은 이 책에서 크게 두 가지 문제를 제기한다. 하나는 '신경'이라는 이름표가 붙은 이론과 개념, 그리고 제품이 우후죽순처럼 늘어나면서 어느새 우리 주위에 깊숙이 파고든 이른바 신경본질주의(neuro-essentialism)에 대한 우려다. DNA 이중나선 구조를 밝혀낸 프랜시스 크릭(Francis Crick)은 서슴없이 "우리는 뉴런 다발에 불과하다"고 말했다. 오늘날 fMRI를 비롯한 영상기술이 발달하고 뇌 연구와 신경과학 연구에 많은 성과가 나타나면서 우리의 마음을 과학적으로 밝혀낼 수 있다는 믿음이 커졌다. 마음을 뉴런 또는 그 연결망으로 이해할 수 있고, 나아가 인간의 본질 자체가 뉴런으로 환원될 수 있다는 생각이 팽배하다. 그러나 이 책의 원제인 '신경과학이 우리의 마음을 바꿀 수 있을까?'에서 잘 드러나듯이, 저자들을 비롯한 많은 신경과학자들은 아직도 우리가 정보를 처리하고 저장하는 방식에 대한 신경과학의 이해는 걸음마 수준에 불과하다고 지적한다.

두 번째 주제는 신경과학을 둘러싼 지나친 기대의 거품을 걷어내고 실제 성과와 그 가능성을 솎아내는 것이다. 저자들은 최근 영국을 비롯한 구미에서 신경과학의 결과물을 성급하게 제품화하거나 교육 현장에 적용시키려는 시도를 상세히 분석하며 그 문제점을 조목조목 지적하고 있다. 비단 유럽과 미국뿐 아니라 우리나라에서도 최근 신경과학 열광주의가 나타나면서 뇌파(腦波)나 뇌전도(EEG)를 이용해 집중력을 향상시켜 학습능력을 높인다는 제품이 여럿 출시되었다. 의약 분야에서는 이른바 똑똑해지는 약, 공부 잘하는 약이라는 이름으로 리탈린이나 모다피닐 같은 약물이 수험생과 대학생, 직장인 사이에서 널리 사용되고 있다. 원래 주의력결핍과잉행동장애(ADHD)나 수면장애 치료제로 개발된 이런 약품이 과정보다 성과를 중시하는 사회 풍토에

편승해 남용되고 있는 것이다.

그러나 가장 큰 문제점은 저자들이 4장에서 집중적으로 탐구하듯이, 빠르게 성장하는 새로운 산업으로 부상한 교육 신경과학의 영역이다. 태아가 자궁 속에서 모차르트를 듣는다는 태교, 좌뇌와 우뇌의 역할 차이와 성차에 대한 믿음, 두뇌를 활성화시키는 두뇌 체조 등은 이미 새로울 것이 없는 익숙한 이야기다. 저자들은 이런 세간의 믿음이 사실 신경과학적 근거가 매우 박약한 것이며, 별반 연관이 없는 연구와 '신화'에서 와전된 것들이라고 지적한다. 나아가 최근 영국과 미국 등지에서 시행되고 있는 수업시간 조정이나 간격학습과 같은 새로운 교육 관행들이 지나치게 그리고 성급하게 신경과학의 연구에 의존하고 있다고 비판한다. 교육열에서 둘째가라면 서러운 우리나라의 상황에서 교육 신경과학의 거품은 결코 남의 일이 아니다.

그렇지만 저자들은 신경과학에 대해 비판적 관점을 견지하면서도 새롭게 밝혀지는 사실들이 우리에게 유용하게 사용될 수 있다는 점을 절대 놓치지 않는다. 다시 말해서, 거품을 걷어낸 다음 실질적인 가능성을 직시하자는 것이다. 로즈 부부가 하려는 이야기는 신경과학이 인간의 정체성과 정신활동을 개인의 뇌와 신경활동으로 환원시키려는 경향이 신자유주의의 이데올로기를 강화시킬 수 있다는 것이지 신경과학의 연구나 그 활용이 잘못이라는 것은 결코 아니다. 그들은 이렇게 말한다. "이 분야가 각광을 받는 이유는 단지 혁신을 통한 부의 창조라는 측면 이외에도 집단에서 개인으로 옮아가는 신자유주의의 관심과 훌륭하게 맞아떨어지기 때문이다. 개인의 뇌의 작동방식에 대한 신자유주의의 몰입, 그 뇌의 소유자가 활발한 사회적 상호작용을 하고 있더라도 개인을 뉴런(신경세포)과 시냅스(신경세포들 사이의 연결부)로 환원시키는 접근방식은 개인에 초점을 두는 신자유주의에 부합한다. 즉, 각각의 '신경자아'(neuro-self)가 자신의 복지에 책임을 져야 한다는 생각과 일치하고, 이런 이념은 개인 맞춤형 의료 관리의 전망을 통해 지속된다."

이 책에서 뇌과학이 아니라 신경과학이라는 용어를 택한 이유도 환원주의를 피하려는 저자들의 의도와 일맥상통한다. 언론이나 대중서에서는 뇌과학이라는 말이 더 많이 사용되지만, 이 용어는 자칫 인간의 정신활동이나 마음이 오로지 뇌에서 일어난다는 생각을 부추길 수 있다. 최근 연구 결과에 따르면, 뇌는 정신활동의 가장 중요한 기관이지만 우리의 정신작용이 배타적으로 이곳에서만 이루어지지 않으며, 면역계·운동계·내분비계·소화계 등 신체의 여러 계와 복합적으로 상호작용하는 결과라는 것이 밝혀지고 있다. 따라서 우리의 마음은 뇌로 환원될 수 없다. 학문적으로도 뇌과학(brainscience)보다 신경과학(neuroscience)이라는 용어가 더 넓은 범위를 포괄한다. 덧붙여서 'mind'는 대체로 '마음'으로 번역했다. '정신'이라는 말도 있지만, 정신이 육체에 대한 대개념의 형태로 많이 사용되는 데 비해 마음이라는 말이 더 넓은 의미 연관망을 가지고 있다고 여겨졌기 때문이다. 국어사전에서 마음은 "사람의 지식, 감정, 의지의 움직임, 또는 그 움직임의 근원이 되는 정신적 상태"라고 정의한다(민중엣센스 국어사전). 데카르트 철학에서처럼 정신과 육체라는 개념이 이미 정립된 경우에는 '정신'으로 번역했지만, 일반적인 용례에서는 '마음'이라는 용어를 선택했다. 영혼은 'soul'의 역어이다.

끝으로 이 책을 흔쾌히 출판해 준 이상북스의 송성호 대표에게 감사드린다.

용인 법화산 자락에서

김동광

빠르게 증식하는 접두사 '신경'

'신경'(neuro)이라는 접두사가 학문 분야—신경경제학(neuroeconomics), 신경마케팅(neuromarketing), 신경윤리(neuroethics), 신경미학(neuroaesthetics), 신경정신분석(neuropsychoanalysis) 등—에서부터 뉴로블리스(NeuroBlis)나 뉴로패션(NeuroPassion)과 같은 음료수 이름까지 빠른 속도로 늘어나고 있는 현상을 어떻게 설명해야 할까?

신경이라는 말은 주류 과학에서도 점차 많은 영역을 차지하고 있으며, 신경 연구 논문들은 〈사이언스〉(*Science*)와 〈네이처〉(*Nature*) 등 주요 저널을 지배하고 있다. 관련 전문 학술지도 크게 증가했다. 학술서에서 대중서에 이르기까지 신경과학 서적이

끝없이 쏟아져 나오고 있다. 유서 깊은 옥스퍼드 대학 출판사 한 곳에서만 무려 1200여 권의 도서가 '신경'이라는 제목을 달고 출간되었는데, 뇌의 배선 패턴에 관한 핸드북에서부터 뇌·마음·의식의 관계에 대한 철학적 고찰, 그리고 뇌를 최대한 활용하는 방법에 대한 자기계발서에 이르기까지 무척이나 다양하다. 이러한 신경과학 열광주의가 출판에만 국한되지 않는다는 것은 그다지 놀랍지 않다. 한 연구에 따르면 영국의 3대 종합지와 3대 타블로이드지가 2000년부터 2010년 사이 뇌에 대해 다룬 기사는 꾸준히 증가했다.[1] 이런 흐름은 2008년에만 약해졌는데, 그 해에 거의 재앙에 가까운 은행 파산 사태가 벌어지는 바람에 신경과학 관련 기사들을 밀어냈기 때문이다. 대부분의 기사들이 섭식 장애에서 치매에 이르기까지 두뇌 활용과 병리학의 주제들에 관심을 가졌다. 신경 관련 주제는 인기가도를 달리고 있고, 그에 대한 열광은 우리 시대의 풍조가 되었다.

과연 신경과학(neuroscience)은 우리의 마음(mind)을 바꿀 수 있을까? 신경과학이 뇌에 대한 우리의 이해를 극적으로 높이고 있으며 과학과 사회가 서로 영향을 미친다는, 즉 공동 구성하고(co-produce) 있다[2]는 생각을 공유하는 신경과학자이자 사회학자로서 우리는, 오늘날 신자유주의 정치경제학의 일부로 발생한 '신경'이라는 접두사에 대한 과도한 기대의 거품을 걷어 내고 실제 희망을 솟아 내기 위해 이 책을 썼다.

신경과학은 1990년대 인간 유전체 계획이 출범했을 당시 유전체학이 주었던 것과 같거나 심지어 그것을 능가하는 수준의 희망을 준다. 그러나 한 가지 결정적인 차이가 있다. 당시 세계에서 가장 저명한 분자생물학자 중 한 사람이었던 제임스 왓슨(James Watson)은 "우리의 운명이 우리의 유전자에 있다"며, 유전학자들이 분자생물학을 통해 유전자를 조작하고 맞춤형 약을 제공해 우리를 운명에서 구해 낼 수 있다고 주장했다.[3] 그들의 상상 속에서 분자생물학이라는 영역 바깥에 있는 사람들은 그저 구원을 기다리는 수동적 존재였다.

반면에 둘 다 환원주의* 이데올로기를 공유했음에도 불구하고 신경과학의 상상은 분자생물학과 크게 다르다. 신경과학자들은 자신들의 지식이 우리로 하여금 우리의 뇌를 개조해 우리의 마음과 우리 자신을 바꿀 능력을 줄 수 있다고 주장하기 때문이다. 신경과학의 인도를 받아 개인적인 노력을 기울이면 가난과 불평등이라는 상처를 극복할 수 있다는 것이다. 지난 반세기 동안 신경과학적 사고의 중심이었던 뇌의 특성인 가소성(可塑性)은

* 환원주의: 다양한 현상을 하나의 근본 원리와 개념으로 설명하는 방식. 가령 생명 현상은 물리학적 · 화학적으로 모두 설명될 수 있다는 주장이 이에 해당하며, 최근 생명 현상을 유전자로 모두 설명할 수 있다는 믿음도 유전자 환원주의라고 할 수 있다.

공공정책 담론에서 거의 마술과 같은 용어가 되었고, 아동 발달과 빈곤층의 교육 수행 능력과 같은 문제들에 완전히 새로운 해결책을 제공하고 자기계발 지침으로서 새로운 특효약임을 선언했다.

그렇다면 이 책의 제목*에 해당하는 질문의 답은 확실히 '그렇다'일까? 앞으로 살펴보겠지만, 문제가 그렇게 간단하지는 않다.

신경과학자에게 뇌는 생물학의 마지막 개척지다. 뇌는 학습, 사고, 의사결정, 행동, 분노와 공포의 느낌, 사랑, 기억, 망각, 심지어 의식[4] 자체의 저장소로 여겨졌다. 유럽과 미국의 대형 프로젝트 두 개에만 무려 60억 달러가 투자되면서, 원자에서 시스템 과학에 이르기까지 놀라운 신기술이 등장해 기운을 북돋웠고, 멈출 수 없는 급류처럼 연구 논문들이 쏟아져 나오면서 대부분의 신경과학자들의 모든 의구심은 사라질 수밖에 없었다. 마음(mind)은 뇌고, 뇌는 곧 마음이다. 이 과정에서 수 세기에 걸친 철학적 논쟁은 간단히 무시되었다.

대학에 집단주의가 고조되며 이견을 제기하는 데 적대적인 분위기가 팽배하고 사고를 전환할 수 있는 논쟁적 개념들이 환영받지 못하지만, 모든 사람들이 이런 흐름에 동조하는 것은 아니

* 원서의 제목은 '신경과학이 우리의 마음을 바꿀 수 있을까?' (*Can Neuroscience Change Our Minds?*)이다.

다. 연구에 필요한 자금이 부족하기 때문에 소수의 신경과학자들만이 위험을 무릅쓰고 자신의 생각을 주장한다. 대중 논쟁에 참여한 이들이 고초를 겪었지만 정신의학에서는 좀 더 많은 불만의 소리를 들을 수 있다. 영국의 정신의학자 데이비드 힐리(David Healy)는 캐나다의 대학에서 진급이 막혔다. 그가 효능에 의문을 제기했던 약품의 제조사가 대학에 압력을 가했기 때문이다.[5] 반면에 철학자들은 대규모 연구자금의 구속에서 비교적 자유롭다. 존 설(John Searle), 레이먼드 탤리스(Raymond Tallis), 메리 미즐리(Mary Midgley)는 정신에 대한 공고한 공적 방어선을 구축했다.

신경과학, 사회, 자아의 공동 구성

과학기술학자들—대부분 사회학자, 인류학자, 철학자, 역사학자—은 유전체학, 정보학, 신경과학에서 과학과 기술이 융합되는 것을 관찰했고, 거기에 테크노사이언스(technoscience)라는 이름을 붙였다. 유전체학은 뛰어난 처리 능력을 가진 염기해독장치가 없이는 불가능하며, 신경과학 역시 영상촬영장치가 없으면 존립

이 불가능하고, 특히 둘 다 고성능 컴퓨터가 없으면 아무것도 할 수 없다.[6]

테크노사이언스와 오늘날의 신자유주의 정치경제학은 불가분의 관계를 가진다. 둘은 서로를 공동 구성한다. 정치경제학의 요구가 테크노사이언스의 발전을 형성하고, 다시 유전체학과 신경과학은 혁신의 강력한 원천이며, 따라서 자본주의가 유지되는 데 필수적인 경제 성장을 제공한다. 그런데 이런 구조적 설명에서 빠뜨리는 것은 인간이라는 행위자, 즉 생명 그 자체—식물에서 동물까지—를 연구하고 조작하는 테크노사이언스 연구자들과 이 새로운 과학과 기술의 청중과 사용자 들이다. 신경과학자들은 어떻게 이런 새로운 지식이 지금까지 꿈도 꾸지 못했던 새로운 사회를 낳을 산파역을 맡을 수 있는지 강력한 상을 제공했고, 좀 더 현실적으로는 신경과학의 새로운 이해를 통해 뇌를 조작—치료적 개입에서 새로운 군사적 신경기술에 이르기까지—할 수 있는 가능성을 제공했다.

신기술이 등장할 때면 종종 그러하듯이 인류는 처음에 의도한 목적과 다른 방식으로 기술을 사용하곤 한다. 예를 들어, 전화는 원래 사무를 좀 더 효율적으로 하기 위한 목적이었지만 사회적 의사소통을 용이하게 하는 방향으로 전용되어 가족이나 친구들과 대화하는 데 더 많이 사용된다. 신경과학도 비슷하다. 인류학자 레이나 랩(Rayna Rapp)의 민속지적 연구[7]는 난독증(難讀症)이나 아스퍼거증후군 같은 신경증적 문제를 진단하는 과정에서 어린아이나 청소년들이 경험한 첨단 기술에 대해 기술했다. 그는 특히 같은 진단을 받은 청소년 중 일부가 생물사회 그룹(biosocial* group)이 되어 자신의 증상을 결함으로 생각하며 신경과학에 적대감을 가지기는커녕 자신들의 색다른 뇌 정체성을 주장하는 자원으로 활용한다는 것을 관찰했다. 결함이 아닌 다양성을 강조하는 그들의 반응은 신경과학과 치료 공동체에서 지지를 받았으며, 이들은 함께 신경다양성(neurodiversity)이라는 새로운 개념을 세워 나가고 있다. 더 이상 정상과 비정상 뇌가 서로에게 등을 돌리지 않게 되었고, 이제 신경다양성은 신경전형(neurotypical)을 (가장 많기는 하지만) 서로 다른 수많은 뇌들 중 하나로 간주한다.

이러한 신경다양성의 생물사회적 개념은 우리가 정체성에 대해 좀 더 열린 방식으로 생각하게 해 준다. 그에 비해 페르난도 오르테가(Fernando Ortega)와 프랜시스코 바이달(Francisco Vidal) 같은 철학자들은 우리가 신경문화(neuroculture) 속에 살고 있으며, 따라서 뇌를 자아의 중심으로, 즉 '브레인후드'(brainhood)† 를 개념화하고 있다고 주장한다.[8] 이런 개인적 자아 형성 이론들은 생

* biosocial: 생물사회적인, 생물과 사회와의 상호작용의, 인간 사회를 생물학적으로 파악하는 특성.

† 브레인후드: 인간의 정체성을 뇌의 특성으로 보는 관점.

물사회성을 배제하며, 따라서 신경정체성(neuro-identity)의 공유된 구성 가능성을 받아들이지 않는다. 이러한 철학적 움직임은 신경과학의 환원주의적 이념을 다시 강화시키는 경향이 있으며, 장 피에르 샹제(Jean-Pierre Changeux)의 《뉴런적 인간》(*Neuronal Man*)이나 조셉 르두(Joseph LeDoux)의 《시냅스와 자아》(*Synaptic Self*, 동녘사이언스)와 같은 책 제목이 그런 경향을 잘 보여 준다. 이런 제목은 랩이 일깨워 준 "아이가 뇌를 에워싸고 있다"(a child surrounds this brain)는 개념을 무시하고 있다. 과연 브레인후드가 저항의 정체성을 위한 여지를 줄 수 있을까?

신자유주의의 테크노사이언스

1970년대 중반 이후 서유럽 복지 국가들이 품어 왔던 사회적 권리는 점차 침식되었고, 이 과정은 은행 시스템 붕괴로 한층 가속화되었다[미국의 궤적은 조금 다른데, 유럽 모델의 복지 국가를 한 번도 경험한 적이 없기 때문이다. 오바마(Barack Obama)가 빈곤층의 건강관리 접근권을 확보하기 위해 힘겹게 벌였던 전쟁을 생각해 보라]. 이제 유럽은 미국의 뒤를 따르고 있으며, 복지는 점차 자산 조사를 통해 가장 가난한 사람들을 대상으로 삼고 있다. 여러 연구 결과가 이런 접근방식에 많은 비용이 들어가고, 수용자들을 굴욕적으로 만들고, 정작 가장 지원이 절실한 사람들을 빠뜨릴 수 있다는 점을 오랫동안 지적해 왔는데도 말이다. 영국에서는 소중한 국민건강서비스(NHS)에 대한 무료 접근권까지 체계적으로 공격을 당하고 있으며, 망명자들에 대해서는 국민건강서비스를 거부하기 시작했다.

경제학에서는 케인즈주의가 종식을 고하고, 복잡한 알고리즘과 엄청난 계산력에 의존하는 시카고학파 또는 신고전주의 경제학이 환영을 받았다. 케인즈주의로 반짝 복귀를 촉발했던 2008년의 경제 붕괴에도 불구하고 시카고 경제학은 대부분의 사람들이 의문의 여지없이 잿더미가 되었다고 생각했던 상황에서 이미 불사조처럼 부활했다. '점령하라 운동'(the Occupy movement)이 은행 시스템과 1퍼센트가 부를 독점하는 역겨운 상황을 공격했음에도 불구하고 시장은 효율성과 혁신, 경제 성장, 부의 창출을 담보하는 보증인으로 물화(物化)되고 있다.

이처럼 점차 시장화의 강도가 높아지는 경제에서, 사회적 유대는 약화되고 집단성은 정치학자 C. B. 맥퍼슨(Macpherson)이 '소유적 개인주의'(possessive individualism)라 불렀던 문화에 의해 빠르게 대체되었다. 그렇다면 신자유주의와 공동 구성되는 과학에서 무엇을 기대할 수 있을까? 1975년 생물학자 에드워드 윌슨이 그의 고전적 저서 《사회생물학》(*Sociobiology*)을 발간했을 때, 그가 전한 메시지는 맥퍼슨의 주제와 부합했다. 사회생물학은 왜 우리—즉, 인간—가 지금과 같은 본성을 가지고 이런 행동을 하는가에 대한 설명을 제공한다. 이 책은 동물 연구, 유전학과 진화론을 토대로 사회가 실제로 이기적인 개인들의 총합이며, 그 목적은 유전자를 다음 세대에 전파하는 것이라는 주장을 제기한다. 1990년대에 사회생물학은 진화심리학으로 개명했고, 인간 본성이 보편적이고 아주 먼 과거인 플라이스토세(洪積世)에 이미 결정되어 그 이후 20만 년에 걸친 사회적·문화적·기술적 변화에도 불구하고 모든 사회에서 지속되었다는, 충분히 갖춰진 설명을 제공한다. 사회생물학이 가정하는, 유전자에 의해 추동된 보편적 인간 본성이라는 개념은 위계적이고, 개인주의적이고, 경쟁적이며, 가부장적이다. 진화심리학이 가정하는 세계에서 한 그룹—그것이 국가이든 국민이든—의 집합성은 유전적으로 개인들에게 도움이 되는 경우에만 가능하다. 따라서 진화심리학은 이념적으로 협동과 보편적 사회복지를 지향하는 복지 국가의 정반대 입장에 선다.[9] 윌슨이 주장했듯이, 인간이 더 공정하고 평등한 사회를 만들 수도 있지만, 그것은 효율성을 잃는다는 비용을 치르고서만 가능하다는 것이다.

진화심리학의 이론적 장치와 신자유주의 이념이 공동 생산하는 것은 너무도 자명하다. 진화심리학이 많은 미디어 공간을 장악하는 데 비해 생의학의 돈지갑에서 가져가는 액수는 푼돈에 불과하다. 그러나 점차 생의학이라는 테크노사이언스, 특히 유전체학과 신경과학에 많은 돈이 쏟아져 들어가고 있다. 이들 분야가 각광받는 이유는 단지 혁신을 통한 부의 창조라는 측면 이외에도 집단에서 개인으로 옮아가는 신자유주의의 관심과 훌륭하게 맞아떨어지기 때문이다. 개인 뇌의 작동방식에 대한 신자유주의의 몰입, 그 뇌의 소유자가 활발한 사회적 상호작용을 하고 있더라도 개인을 뉴런(신경세포)과 시냅스(신경세포들 사이의 연결부)로 환원시키는 접근방식은 개인에 초점을 두는 신자유주의에 부합한다. 즉 각각의 '신경자아'(neuro-self)가 자신의 복지에 책임을 져야 한다는 생각과 일치하고, 이런 이념은 개인 맞춤형 의료관리의 전망을 통해 지속된다.

이 책은 주로 영국의 상황을 기반으로 내용을 전개한다. 신자유주의 하에서 신경과학이, 부모로서 자식을 제대로 교육하지 못해 자식의 열망과 '정신적 자본'(mental capital)을 제한시킨다고 비난받는 가난한 사람들과 실직한 사람들을 대상으로 사회와 교육정책을 틀 지우는 방식을 검토하고(3장), 아이들의 뇌를 향상시키고 최적화시키기 위한 합리적인 신경과학 기반 교육의 전망을 제시하고자 한다(4장). 그러나 먼저 우리는 어떻게 신경과학이 50년 전 유아기의 꿈에서 현재의 엄청난 모습으로 성장할 수 있었는지 살펴볼 것이다(1장과 2장).

1

새로운 과학의 탄생

- 신경과학의 발생과 성장 -

뇌과학(brain science)의 발생은, 우연이었으면 좋겠지만, 20세기 말과 21세기 초 신자유주의가 대두하던 시기와 맞물리며 '신경'이라는 접두사를 가진 움직임이 파도처럼 밀어닥치기 훨씬 이전으로 거슬러 올라간다. 그러나 간략하게라도 초기 역사를 개괄할 필요가 있을 것이다. 근대 과학에서 그 출발점은 1630년대에 데카르트(René Descartes)가 뇌의 송과선(松科腺)을 정신과 육체의 접합점으로 잡으면서 시작되었다. 이때 뇌가 서로 다른 두 전통이 수렴하는 장소가 되었다. 철학자들은 정신의 작동과 영혼의 자리에 관심이 있었고, 생의학은 육체와 육체의 여러 병리현상의 생물경제(bioeconomy)*에서 뇌의 기능에 관심을 가졌다.

새로운 과학이 뇌와 마음의 관계에 대해 물질주의적 설명을 제공하기까지는 두 세기가 더 걸렸다. 당시에는 과학으로 간주되었지만 오늘날 엉터리로 조롱받는 골상학(骨相學)은 두개골 표면의 돌출 정도를 통해 그 사람의 기질과 성벽, 능력을 추론할 수 있다고 주장했다. (오늘날 뇌 영상기법은 새로워진 위치 탐색 기능으로 짓궂게 내부 골상학이라 불리기도 한다.) 골상학 외에 과거의 연구자들이 뇌의 구조와 기능을 연관해 연구할 때 사용할 수 있는 것은

* 생물경제: EC는 생물경제를 재생 가능한 생물학적 자원을 생산하고, 이러한 자원을 음식, 바이오 에너지 등 부가가치 상품으로 만드는 것이라고 정의했다. 따라서 뇌에 대한 주된 관심도 뇌를 상품화가 가능한 중요한 자원이라고 생각하는 생물경제 관점에서 비롯되었다.

죽은 사람의 뇌가 전부였다. 이런 제약에도 불구하고 1861년 프랑스의 해부학자 폴 브로카(Paul Broca)는 사체의 뇌를 통해 많은 것을 알아낼 수 있음을 보여 주었다. 브로카는 언어능력을 상실했던 사망한 지 얼마 안 된 환자의 뇌를 해부해 왼쪽 반구에서 손상을 찾아냈다. 이 발견을 통해 그는 뇌의 이 영역이 언어 중추라고 결론지었다. 브로카의 업적은 유명인사나 악명 높은 범죄자의 뇌를 해부하는 유행을 낳았고, 뇌 속에서 천재성이나 범죄성의 자리를 찾을 수 있다는 생각을 부추겼다.

뇌의 대용품으로 해부학자와 인체인류학자들은 두개골을 수집했다. 처음에는 개인적으로, 나중에는 유럽 주요 도시들의 자연사 박물관에 있는 방대한 소장물에까지 범위를 넓혔다. 스티븐 제이 굴드(Stephen Jay Gould)는 당대의 유럽 남성 수집가들이 어떻게 측정을 시작하기도 전에 이미 그 두개골이 "자연의 위계"라는 특징을 가졌다는 것을 알았는지 상세히 기록했다.[1] 많은 중요한 역사적 연구들은, 과학과 사회의 공동 생산이라는 거시 수준에서, 어떻게 19세기 제국주의와 가부장적 사회관계에 의해 생물학의 정상 뇌가 구성되었는지 분석했다. 그 이후 새롭게 부상한 중산계급 백인 남성의 뇌가 정상성의 표준으로 수립되었고, 나머지—젠더, 계급, 피부색의 조합으로 이루어진—는 위계질서 속에 편입되었다. 맨 밑에 흑인 여성이 자리하고 여성과 유색 인종은 반드시 백인 남성 아래쪽에 예속되어야 했다. 하버드 대학의 루이 아가시(Louis Agassiz) 같은 뛰어난 생물학자들은 여성의 정신적 열등함이 자명하므로 여성을 보호하기 위해 대학 교육에서 배제해야 한다고 주장했다. 그들의 미약한 뇌가 대학 교육으로 스트레스를 받으면 불가피하게 모성이라는 여성의 일차적인 생물학적·사회적 역할이 약화되거나 심지어 훼손될 수도 있다는 것이었다. 남편에게 성적인 서비스를 하는 그 밖의 역할은 신중하게 침묵으로 남겨졌다.

연구자들은 뇌가 마음의 비밀을 밝혀 줄 수 있다고 확신했고, 1920년대에 신생 소련은 모스크바에 연구소 하나를 설립해 온전히 레닌(Vladimir Lenin)의 뇌 연구에 할애했다. 레닌의 뇌는 현미경 분석을 위해 얇게 잘렸다. [모스크바 연구소에는 돌고래의 뇌도 보관되어 있었는데, 복잡한 뇌회(腦回) 외에 크기에서도 레닌의 뇌를 능가했다.] 그에 비하면 아인슈타인(Albert Einstein)의 뇌 연구는 너무도 아마추어적이었다. 1955년 사망 당시 아인슈타인의 뇌는 의사에 의해 적출되어 여러 조각으로 나뉘어 마요네즈 병에 저장되었다. 천재의 뇌에 대한 현미경 분석에서 가치 있는 결과는 아무것도 나오지 않았지만, 뇌의 손상을 특정한 기능 상실과 연관시키는 병리학적 접근방식은 뇌 지도 개념을 확립했고, 언어·시각·운동제어 등의 능력을 뇌의 특정 영역에 위치시키기 시작했다. 다른 여러 과학 분야가 그러했듯이 전쟁(특히 19세기 말과 20세기 초의 전쟁들)으로 뇌 손상을 입은 젊은이들이 대거 발생하며 뇌 지도 작업은 크게 진전했다.

죽은 뇌와 손상된 뇌는 해부학자와 현미경 사용자들에게나 바람직했기에, 생리학자와 생화학자들은 잘 준비된 실험실의 충실한 일꾼들—쥐, 개, 때로는 원숭이—로 관심을 돌렸다. 물론 여기에는 동물의 뇌와 사람의 뇌를 번역하면서 발생하는 온갖 문제가 따랐다. 동물의 경우, 생리학자들은 신경의 전기적 특성을 연구할 수 있었고, 생화학자들은 뇌의 화학과 신진대사의 특성을, 그리고 약학자들은 약물이 동물과 사람의 뇌에 미치는 영향을 살펴볼 수 있었다. 이런 환원주의적 방법으로 일부 학자들은 마음을 그 밑에 내재하는 뇌 과정의 단순한 발현에 불과한 것으로 간주했던, 가장 정력적이었던 19세기 물질주의 선구자들의 뒤를 따를 수 있었다. 그러나 대부분의 뇌 연구자들은 좀 더 겸손했고, 자신들의 과학의 한계를 강조한 20세기 초의 생리학자 찰스 쉐링턴(Charles Sherrington)의 견해에 동의했다. 쉐링턴은 뇌과학이 뇌의 깊은 구조를 통해 신경계의 작동방식을 추적할 수 있을 뿐, 그 갈색 물질이 마음을 품고 있다고 가정하는, 대뇌피질의 신비를 파헤치는 것은 불가능하다고 보았다. 마음과 의식, 그리고 인간행동은 철학자와 생리학자의 영역으로 간주되었다. 그들은 특히 파블로프(Ivan

Pavlov)와 스키너(Burrhus Frederic Skinner)의 영향으로 뇌를 감각 기관의 입력을 받아 행동이라는 출력을 내보내는 블랙박스로 간주했지만, 마치 우리가 자동차를 운전할 때처럼 그 내부 역학에는 무관심했다.

새로운 과학의 탄생

20세기 전반기에 여러 신경 분야들은 학문적 위계 속에서 자신의 위치를 잡았고, 나름의 문제 영역, 방법론과 입증 기준, 자체의 경력 구조, 전문 학회와 대학의 학과에서 자신들의 지적·제도적 영역을 수립하고 빈틈없이 지켜냈다. 이러한 제도적 경계를 뛰어넘어 마음의 영역으로 침입하는 것은 부적절하고 과학자가 아니라 철학자가 하는 일이라는 비난을 받을 위험을 감수해야 했다.

그러나 1960년대에 경제 규모가 확장되고 과학에 배정된 예산이 늘어나자 선견지명이 있는 소수의 연구자들은 이질적 분야들을 한데 모아 뇌와 행동 연구로 묶는 새로운 연구 프로그램을 시작할 때가 무르익었다고 판단했다. 생리학자 프랭크 슈미트(Frank Schmitt)가 이끌었던 MIT의 그룹이 신경과학 연구 프로그램으로 이러한 작업을 수행했다. 이 시대에 신경과학(neuroscience)이라는 말은 뇌과학(brain science)이라는 고색창연한 명칭보다 훨씬 흥분을 자아내게 했다. 신경과학은 과학적 상상력과 미국 지원자들의 든든한 후원을 모두 사로잡았다. 모든 연구 프로그램에는 이 두 가지가 필수다. 신경과학은 분자에서 계(系)에 이르는 모든 연구 수준에서 뇌과학이어야 했으며, 기법의 선택에서 포용적이어야 했다. 중요한 것은 이 프로젝트가 뇌의 작동방식에 대한 일관된 이론을 탐색하는 과정에서 여러 분야를 통합하고, 어떻게 뉴런과 그 연결이 감각·기억·자아·마음을 발생시키는지 찾아내 쉐링턴주의자들의 망설임을 말끔히 극복하는 것이었다. 요즘 표현을 사용하자면, 신경과학은 빅 텐트이고, 슈미트와 그의 동료들은 뇌 모형 제작자, 수학자, 아동정신의학자, 심리학자들에게 기꺼이 그 문을 열어 주었다. 정신분석가들이 자신들의 이론적 주장을 신경과학이 좀 더 위신 있는 생명과학에 확실히 정박시켜 줄 수 있으리라 전망하고 이 텐트에 들어가기를 요구하기까지 또다시 30년이 걸렸지만 말이다.

슈미트의 프로젝트는 금세 젊은 연구자들을 끌어들였다. 기존 분야의 제도적 구조에 덜 얽매였던 이들은 새로운 연구 프로그램에 지적으로 흥분되었고 안정적이고 풍부한 연구자금에 고무되었다. 이런 환경에서 새로운 접두사가 붙었다. 해부학은 신경해부학이 되었고, 생화학은 신경생화학, 생리학은 신경생리학, 심리학은 신경심리학으로 바뀌었다. 과학이 가장 도발적인 분야에 대해 항상 수용적이었듯이, 다른 분야의 저명한 과학자들이 뇌 연구로 이주했다.

1953년 DNA 이중나선 구조 발견에 이은 수십 년의 기간은 유전학을 변화시켰고, 가장 이론적으로 관심이 높은 상당수의 분자생물학자들은 남은 일이 뒷정리밖에 없다고 생각했다. 그들은 게놈 염기분석, DNA 바이오뱅크 구축, 생명공학 기업 설립 등의 일을 기꺼이 다른 사람들에게 넘겼다. 젊은 열광주의자들에게 생물학에서 풀리지 않은 가장 큰 도전은 뇌였다. 따라서 노벨상 수상자인 프랜시스 크릭과 제럴드 에델만(Gerald Edelman) 같은 분자생물학의 슈퍼스타들은 이 분야로 이동했다. 그들은 자신들이 유전학과 면역학의 문제를 해결하는 데 도움을 준 환원주의적 방법과 분자적 시각이 뇌 연구, 나아가 모든 연구의 가장 큰 목표인 의식을 규명하는 올바른 방법이라는 확신을 가졌다. 이렇게 새로운 연구 프로그램에 필요한 모든 요소—몽상가, 주요 이론가, 젊고 혁신적인 연구자, 그리고 세속적이지만 없어서는 안 될 연구비—가 구비되었다.

1969년 수백 명의 회원으로 설립된 미국 신경과학회(US Society for Neuroscience)는 미국이 주도하는 학회임에도 전 세계에서 4만 명 이상의 연구자들이 몰려든 거대한 공룡이 되었다. 1990년대에 신경과학자들은 자신들의 과학이 새로운 분자 기술과 디지털 기술의 힘으로 변화되어 완전히 발달한 신경테크노사이언스(neurotechnoscience)가 되었다고 주장했다. 그들의 상상이 무척 야심적이었고 그에 수반된 연구비도 컸기 때문에, 미국과 유럽 모두 '뇌의 10년'(Decade of the Brain)을 선포했다. 연구자들도 새로운 천 년이 시작되면 '뇌의 10년'이 '마음의 10년'(Decade of the Mind)으로 단절 없이 이행할 것이라고 확신했다. 환원주의가 득세했다. 크릭은 자유의지의 자리를 전방대상구, 즉 사람들이 복잡한 문제를 풀려고 시도할 때 활성화되는 대뇌피질의 앞쪽 영역으로 위치시키며 도발적으로 "당신은 뉴런 덩어리에 불과하다"라고 말했다.[2]

분자및세포인지학회(the Molecular and Cellular Cognition Society)의 창립 회원 중 한 사람이 "무자비한 환원주의"(ruthless reductionism)라고 묘사한 것을 찬양한 크릭의 말은 다분히 마초적이었다. 이런 근본주의적 환원주의는 분자신경과학자들 사이에서 일반적이었지만(신경생리학자와 심리학자들의 경우는 조금 덜하다), 크릭처럼 노골적으로 표현하는 사람은 거의 없다. 오늘날 테크노사이언스의 거대 장치로 한층 탄력을 받은 이 주장은 철학의 논의를 가로챘다. 지난 2천 년 동안 철학자들은 정신에 대한 자신들의 숙고가 지적인 무대의 중심을 차지한다고 생각했다. 21세기의 신경과학자들에게 정신활동은 뇌 속에서 일어나는 과정, 즉 사람의 뇌 속 뉴런들을 연결시키는 수백 조의 접합 사이에서 신경전달물질이 끊임없이 요동하는 흐름으로 환원될 수 있다. 따라서 그들의 과학의 임무는 이런 뇌 과정의 유전학, 생화학, 생리학을 밝혀내고, 그 과정에서 마음, 그리고 그 속에 마음이 거주하는 사람이 단지 "사용자의 착각", 즉 사람들이 스스로 결정을 내린다고 착각하지만 실제로는 뇌가 내리는 결정에 불과하다는 것을 밝히는 것이다.

주로 미국에서 일부 철학자들은 이런 흐름에 동조해 최근 급증하는 '신경'이라는 접두사를 붙여 스스로를 신경철학자라고 개명했다. 그들에게 이성이나 의도—심지어 의식까지도—에 대한 논의는 계산적 신경과학의 엄격한 공식들로 대체되어야 할 '민속심리학'(folk psychology)에 불과하다. 사랑, 분노, 고통, 도덕적 느낌 등이 모두 "계산적 뇌"[처칠랜드(Patricia Churchland)] 속 소프트웨어에 불과하다. 가자니가(Michael S. Gazzaniga)의 《뇌는 윤리적인가》(*The Ethical Brain*, 바다출판사)에서 라마찬드란(Vilayanur Ramachandran)의 《명령하는 뇌, 착각하는 뇌》(*The Tell-tale Brain*, 알키), 조셉 르두의 《느끼는 뇌》(*The Emotional Brain*, 학지사), 르베이(Simon LeVay)의 《성적인 뇌》(*The Sexual Brain*)에 이르기까지 신경과학자들이 쓴 대중서의 제목은 점차 분자화되고 디지털화되는 시선을 잘 드러낸다. 이 제목들은 잠재적인 독자들과 조용한 소비자들의 시선을 끌기 위해 의도적으로 채택되었지만, 동시에 오늘날 당연하게 받아들여지는 시대정신을 반영하는 것이기도 하다.

신경의 힘

뇌와 정신질환의 새로운 치료법을 낳았다거나 그 비용을 절감했다는 주장—최소한 그들의 말에 따르면—만큼 1960년대 선구적인 엘리트 신경과학자들의 의도에서 크게 벗어난 것도 없을 것이다. 그들이 연구를 한 이유는 호기심 때문이었다. 그러나 '호기심'이라는 말은 근대 과학이 시작될 무렵 지식—그에게는 과학 지식—이 힘이라고 한 베이컨(Francis Bacon)의 주장과 맞지 않는다. 여기에서 힘이란 자연의 무생물과 생물을 모두 제어하는 힘이다. 1953년 DNA 이중나선 구조를 발견한 것이 좋은 예다. 그 발견은 분자생물학자와 유전학자들에게는 혁명적인 것으로 인정받았지만, 일반 언론에서는 별다른 논평 없이 간과되었다. 그럼에도 불과 30년 만에 새롭게 발견된 구조는 생물계를 이해하고 유전적으로 조작하는 틀이 되었다.

새로운 세대의 신경과학자들에게 힘을 줄 수 있는 것은 뇌와 마음에 대한 지식이었다. 실용 가능한 의제를 가진 사람들, 즉 새로운 향정신약을 찾는 신흥 제약 산업과 항상 눈을 부릅뜨고 있는 미국 국방고등연구국(US Defense Advanced Research Projects Agency, DARPA)은 이처럼 급성장하는 분야에 큰 기대를 품었다. 제1차 세계대전 이후 화학과 물리학은 군사화되었고, 1945년 원자폭탄을 만들었던 맨해튼 프로젝트 이래 이런 경향은 한층 심화되었다. 1960년대와 베트남전쟁으로, 이번에는 생물학이 무기 생산에 뛰어들었고, 신경과학도 일조했다.

냉전이 고조되며 실험실에서 흘러나오는 신약들이 군사 연구자들에게 중추신경계를 공격하는 화학무기를 제공해 주었다. 열성적인 신경과학자와 심리학자 들이 고용되어 스파이 혐의를 받는 사람이나 심지어 CIA 자체 요원에게까지 은밀히 환각제 LSD를 투약하려는 시도를 했고, 그중 한 경우에는 창문을 뚫고 뛰어내리는 사고까지 발생했다. 미국 화학부대(US Chemical Corps)는 BZ라는 암호명의 신경작용제를 비축했는데, 이 신경무기를 적군에게 살포하면 방향감각을 잃고 주체할 수 없이 웃음이 계속되면서 무기를 던져 버리게 된다는 것이다(희망사항이었지만!).

정보과학의 발달은 컴퓨터가 뇌의 정보처리 과정을 본뜨거나 증진시킬 수 있음을 시사했고, 인터넷의 선구자인 아르파(ARPA, 후일 여기에 D가 붙게 된다)가 인공지능의 엄청난 프로그램에 자금을 대면서 오늘날 대규모 뇌(mega-brain) 프로젝트들의 기초를 닦았다.(DARPA의 AI 프로그램은 1950년대의 시작 단계부터 훗날 유럽 인간 뇌 프로젝트까지 계속된 논쟁, 즉 하향식과 상향식 모형을 둘러싼 논쟁으로 시달렸다. 이 주제는 다음 장에서 다룰 것이다.)

광기의 분자를 사냥하다

신경과학이 발전하면서 정신병학이 신경화학에 둥지를 틀려는 움직임이 나타났다. 이런 경향은 뇌 속의 화학적 불균형으로 인해 불안정한 마음이 나타난다는 광기(狂氣)에 대한 오래된 가정을 기반으로 했다. 그 과제는 한 저명한 연구자가 말했듯이 "어떻게 비정상적인 분자 하나가 병든 마음으로 이어지는지" 밝혀내는 것이었다. 그것은 약리학(오늘날에는 정신약리학)자들에게는 뇌와 마음을 회복시키는 화학물질을 찾아내는 것이었고, 제약 산업은 이런 프로그램을 열성적으로 육성했다.

특정 분자를 특정 정신병 진단과 일치시키려는 목표가 1950년대에 처음 발간된 미국 정신병학회(American Psychiatric Association)의 '정신질환 진단 및 통계 편람'(Diagnostic and Statistical Manual, DSM) 분류 체계의 기반이 되었다. 그 결과 DSM 기준에 따라 정신병—우울증, 불안초조, 조병(躁病), 정신분열증—의 사상자로 간주되는 수가 급격히 증가했고, 그에 따른 잠재적인 환자 시장이 늘어났다. 실직, 사별, 이혼, 그리고 그 밖의 일상적 불행에 따르는 일반적인 정신 고통에 대한 의료화가 늘었고, 이후 25년 동안 줄어들지 않았다. 이런 과정은 미국 정신병학회, 건강보험, 그리고 제약 산업 사이의 밀접한 관계에 의해 촉진되었다.[3]

여기에 내재하는 이론적·실제적 문제는 어떻게 DSM의 분류—본질적으로 환자들을 관찰하고 상담한 내용을 기반으로 한 현상적 분류—를 신경화학적 원인으로 여겨지는 것들과 연관시킬 것인가이다. 이러한 문제는 오늘날까지 이어지고 있지만, 신경약리학자와 많은 생물학적 정신과 의사들은 가볍게 간과하고 있다. DSM 진단에 상응하는 신경화학적 표지는 없었고, 지금도 여전히 그렇다.

우리가 신경과학을 통해 스스로 자기정체성을 구성한다는 주장은 당시 지배적인 신경과학에 고유한 것이었다. 따라서 신경화학이 지배적인 패러다임이었을 때에는 신경화학적 자아를 생각하는 것이 의미가 있었다. 신경과학의 패러다임이 강력한 신기술, 특히 영상 기술의 등장으로 변화하면서 신경화학은 개인의 정체성이 구성될 수 있는 많은 신경화학적 원천 중 하나에 불과해졌다.

신경화학적 표지가 없기 때문에 오늘날 향정신약의 1세대 중 상당수는 우연히, 처음에는 다른 질병을 위해 합성된 것이었다. 세계 최초의 항(抗)정신병약인 클로르프로마진(라각틸이라는 상품명, 미국에서는 소라진이라는 이름으로 더 잘 알려졌다.)은 원래 1950년대에 론플랑 화학회사가 마취를 위한 보조 약물로 생산한 것이다. 이 약의 진정효과가 알려져 정신병 환자에게 사용된 것은 나중의 일이었다. 이 약은 향정신성 약제로는 최초로 블록버스터가 되었다. 의학적으로는 지발성(遲發性) 운동장애라고 알려졌고 일반적으로 발을 끌면서 걷는 장애(Largactil shuffle)로 불린 심각한 부작용이 나타난다는 증거가 누적되었지만, 처음 10년 동안 무려 약 5천만 명에게 처방되었다.

1960년대에는 최초의 삼환계 항울약(抗鬱藥)인 이미프라민과 호프만 라로셰사의 불안 감소제인 디아제팜(바리움, 리브리엄이라는 상품명으로 발매)이 합세했다. 이 약들은 1969년에서 1982년 사이에 미국에서 가장 많이 팔린 약품으로, 최고조에 달했던

1978년에는 23억 정이 판매되었다. 이른바 "어머니의 작은 조력자"로 폐경기 여성들에게 가장 이상적인 약품으로 처방된 이 약들은 의사들뿐 아니라 미국에서는 일반 대중을 대상으로 적극적인 마케팅이 이루어졌다. 그리고 결국 과잉 처방으로 인해 의존성이나 중독과 같은 폭넓은 문제를 야기했다.

향정신약이 어떻게 그리고 왜 뇌 화학에 영향을 미치는지는 여전히 불확실했지만, 동물 실험을 통해 이들 약제가 신경전달물질과 상호작용을 하며 효과를 일으킨다는 의견 일치가 빠르게 이루어졌다. 신경전달물질이란 하나의 뉴런에서 다른 뉴런으로 시냅스, 즉 뉴런 사이의 접합부를 통해 신호를 전달하는 화학적 전령이다. 클로르프로마진 자체가 여러 신경전달물질과 상호작용하며, 그중에서도 특히 도파민과 작용을 한다. 이 발견은 우울증과 불안감에서 정신분열에 이르는 정신질환 전체가 하나 또는 그 이상의 신경전달물질 이상에 의해 일어날 수 있다는 가정으로 이어졌다.

1950년대 신경화학자들은 주요 신경전달물질이 3개나 4개밖에 없으며, 각각이 하나의 행동양식과 연관된다고 가정했다. 그런데 이제는 그것이 지나친 단순화였으며, 각각의 신경전달물질에 다수의 아류형(亞類型)이 있으며, 다시 각각의 아류형이 시냅스막의 각기 다른 수용체 분자들과 상호작용하고, 신경전달물질을 합성하거나 분해하는 서로 다른 효소들과 작용한다는 사실이 밝혀졌다. 따라서 후보 약품이 신경전달물질 분자와 상호작용하는 여러 가지 방식이 있을 수 있으며, 그 활동을 활성화시킬 수도 있고 방해할 수도 있는 것이다.

1960년대 이후 30년간 점점 더 많은 신경전달물질과 연관 효소가 발견되었고, 이들은 각기 당시 유행하는 분자가 되고, 정신적 고통의 원인이 된다고 여겨진 신경분자적 이상(異狀)의 독특한 원천으로 추정되었다. 더 나은 이론이 없었기 때문에, 제약 산업은 정신적 고통을 치료할 정확한 마법 탄환을 발견할 수 있으리라는 희망으로 수천 개의 서로 다른 분자들을 합성하는, 이른바 '분자 룰렛'(molecular roulette)이라 불린 방법에 호소했다. 이 주먹구구식 경험의존적 방법이 신약 특허의 폭포를 가져왔고, 도파민뿐 아니라 그 밖의 신경전달물질인 아세틸콜린, 감마아미노부티르산, 세로토닌, 그 아류인 수용기와 연관 효소들 등에 대한 기대가 부풀려졌다. 그중 하나가 엘리릴리사의 세로토닌재흡수억제제(SSRI)인 프로작이다. 프로작은 1990년대에 행복을 주는 약, 복용하는 사람을 "원래보다 더 낫게…만들어 주는" 약으로 각광받았다. 이 약은 세계에서 가장 유명한 항우울제가 되었고, 매달 65만 건의 처방전이 발행되었다. 프로작과 경쟁 제품인 글락소스미스클라인사의 팍실의 부작용—폭력성 증가와 자살—에 대한 증거가 계속 쌓여 갔지만, 엘리릴리사는 이 약으로 1990년대에 매년 3억 5000만 달러를 벌어들였다. 특허 기간이 끝나고 가격이 떨어지기 전까지 1990년대에 이들 향정신약의 전체 판매 규모는 매년 760억 달러에 달했다. 이처럼 벼락 경기가 이어지면서 거대 제약회사—빅파마—들은 분자신경과학에 자금을 댈 잠재적 원천이 되었다.

동물 모델과 그 한계

정신적 고통이 신경전달물질 이상에서 비롯되며 향정신약이 이러한 이상을 교정하는 방식으로 작용한다는 가정은 실험실을 기반으로 한 좀 더 체계적인 신약 연구의 길을 열었다. 이런 명제를 기반으로 실험동물에서 신경전달물질의 작용에 간섭을 일으켜 사람의 정신분열과 불안감 또는 우울증과 비슷한 행동을 흉내 내게 되었고, 따라서 동물이 사람의 정신병 이론과 신약 개발을 위한 시험대로 기여했다. 이런 동물 모델은 향정신성 약제를 개발하는 표준적인 접근방식이 되었다.

새로운 천 년대가 되면서 유전기술의 발달로 동물 모델은 훨씬 매력적인 방법으로 부상했다. 쥐의 유전자 조작['개조'(改造)가 더 선호되는 완곡어법이다.]이 가능해지면서 특정 유전자를 제거하고 다른 유전자를 삽입해 거의 마음대로 유전자를 활성화시키거나 비활성화시킬 수 있게 되었다. 예를 들어, 알츠하이머병의 소인을 가진 사람의 유전자를 쥐에게 삽입하고 쥐를 통해 사람에서 나타나는 질병의 특징인 뇌의 화학적 변화와 기억상실의 징후를 연구했다.

그런데 이런 동물 모형 연구의 문제점은 특히 자명한 신경학적 질환과 대비되는 정신병학적 질환의 경우에 명백했다. 우리에서 기른 쥐의 특정 유형의 행동이 사람의 정신분열과 비슷하다고 볼 수 있을까? 먹이나 짝짓기 상대를 감지할 수 없는 동물 우리라는 인공적인 환경에서 아무 움직임 없이 우두커니 앉아 있는 쥐나 원숭이가 어떻게 사람의 우울증 모델이 될 수 있겠는가? 미로에서 길을 잃어버린 쥐의 기억력을 페넬로피 라이블리(Penelope Lively)가 자서전 《암모나이트와 날치?》(*Ammonites and Flying Fish?*)에서 서술한 노화와 관련된 기억상실과 비교할 수 있을까? 이런 동물 모델들이 (남성보다 여성에서 진단되는 빈도가 두 배나 되는) 우울증이나 (중산층보다 노동자 계급에서 두 배나 많이 진단되고, 영국에서 유럽 선조보다 카리브해에 사는 사람들에게서 더 흔하게 발병하는) 정신분열의 역학과 대비될 수 있을까?

미국에서는 페미니스트들의 지속적인 압력으로 1993년에야 가임기 여성들이 신약의 임상시험에 포함되었고, 성과 인종 차이로 간주될 수 있는 효과가 통제되었다. 수십 년 동안 암컷의 생리주기가 실험 결과에 혼동을 준다는 이유로 동물의 표준 모델은 수컷 생쥐나 쥐였다. 연방 차원에서 학문 연구를 지원하는 기관인 미국 국립보건원(NIH)은 2014년이 되어서야 향후 동물 연구에서 수컷과 암컷을 같은 수로 포함시키겠다고 선언했다. 그러나 그때까지도 동물 모델과 정신약리학은 얼마간 곤란을 겪었다. 그것은 실험용 쥐가 남성과 여성 과학자들에 따라 서로 다르게 반응한다는 사실을 보여 주는 논문으로 인해 불거진 곤란이었다.[4]

1980년대와 1990년대에는 성공이 계속되는 듯 했지만 이후 시기까지 이어지지는 않았다. 세계보건기구(WHO)가 우울증이 전 세계를 휩쓸고 있다고 발표했듯이 정신적 고통이 늘어나고 있다는 주장이 제기되었다. 이는 다른 나라들이나 불과 수십 년 전 영국에서 불행으로 간주되던 것들이 질병으로 간주되는 의료화를 투영하는 것이다. 따라서 2013년에 발간된 가장 최근판인 DSM 5판은 배우자나 자식과의 사별로 2주일 이상 지속되는 슬픔을 임상적 우울증으로 간주한다.

또한 모든 산업사회에서 노령 인구가 늘어나며 치매가 증가하고 있다. 영국의 경우 80만 명이 치매로 진단받았고, 그중 여성의 비율이 압도적이었다. 그 수는 2021년에 100만으로 늘어날 것으로 예상된다. 치매 판정 증가의 원인은 다양하고 복잡하다. 오늘날 영국의 많은 노인들이 겪는 고립과 외로움, 빈곤 등은 파편화되고 개별화된 사회의 공중보건과 사회적 돌봄의 고조되는 위기를 잘 보여 준다. 이러한 고립에 대한 사람들의 대응이, 알츠하이머병과 같은 특정한 신경적 원인이 없는 경우에도 자칫 치매로 진단될 수 있다. 알츠하이머협회는 영국에서 매년 치매로 인해 발생하는 비용을 260억 파운드로 추산했다. 이것은 지불되지 않은 간병인들의 비용을 포함하지 않은 금액이다. 이 질병에 대해 유전학과 생화학의 상세한 지식이 알려져 있음에도 불구하고 치매의 진전을 일시적으로 늦추는 것 이상의 효과적인 신약은 아직 나오지 않았다.

2011년 신경과학에 대한 지원을 늘리려는 의도로 유럽뇌위원회(European Brain Council)는 유럽 전체 인구의 38퍼센트인 1억 6500만 명이 매년 정신질환을 일으키고, 그로 인한 연간 비용이 8천 억 달러, 즉 유럽 전체 보건 예산의 24퍼센트에 해당할 것이라고 계산했다. 이 질병이 대부분 인지되지 않고 치료 또한 받지 않기 때문에 실제로 그 숫자가 얼마나 큰 부담이 되는지는 알 수 없다고 위원회가 인정했지만 말이다. 필경 이러한 액수는 향후 정신병약 시장의 잠재적 규모에 대한 추정치로 여겨질 수 있다. 이것은 제약 산업에 보너스가 될 것이 틀림없다. 그러나 특허가 만료되고 있고, 새로운 정신질환 약품이 출시되지 않고 있으며, 최근 수십 년 동안 개발된 약들—야심만만했던 세로토닌재흡수억제제까지도—이 1960년대에 나온 약들을 능가하지 못한다는 것은 널리 인정되고 있다.

2010년 무렵 파이자와 글락소스미스클라인과 같은 주요 기업들은 전통적인 신경과학 연구소들을 폐쇄하기 시작했고, 좀 더 생산성이 높아 보이는 암과 심장질환에 다시 집중적으로 연구비를 투자했다. 근본적인 문제는 이상을 일으킨 신경전달물질과 정신질환 사이에서 직접적인 인과관계를 찾을 수 없다는 점이었다. 아무리 줄잡아 이야기해도 동물 모델은 부적합하다. 심지어 많은 사람들이 우울증이나 불안감이라는 현상학적 설명을 순전히 생물학적 상관 현상으로 설명하는 것 자체에 의문을 제기한다. 그로 인해 최신판인 2013년 DSM은 정신병학자와 신경과학자 들로부터 집중적인 비판을 받았다. 2014년 미국 신경과학회장이자 전직 정신보건연구소장인 스티븐 하이맨(Steven Hyman)은 명백한 생물학적(이상적으로는 유전적) 표적, 즉 확실한 치료를 예견할 수 있는 생물 표지에 대해서만 연구비를 지원해야 한다고 선언했다.[5] 그러자 파이자와 노바티스 등 거대 제약회사들이 하이맨의 하버드 연구소와 좀 더 가깝게 실험실을 재배치한 것은 우연이 아니었다. 그동안에도 정신병학자들은 계속 처방전을 발행할 것이다.

행복한 결혼?

생물학적 정신병학이 임상적인 어려움에 직면하자 새로운 기술들이 등장했다. 그중에서도 fMRI와 그와 연관된 영상기법들은 살아 있는 사람의 뇌를 연구하는, 과거에는 상상할 수도 없었던 전혀 새로운 비침습적인 방식으로 동물 모델의 제약에서 완전히 벗어나 신경과학을 변화시키고 다시금 활성화시켰다. 이제 뇌 전체를 이미지화할 수 있을 뿐 아니라 개별 뉴런이 언제 활성화되는지 유전적으로 표시하는 것까지 가능해졌다.

fMRI와 연관 영상기법을 통해 사람의 행동에 대한 (과거에는 심리학자들의 영역이었던) 실험실 연구가 머리 안쪽에서 벌어지는 일, 즉 사고·감정·행동과 연관된 뇌 영역 및 신경경로들과 통합되는 것이 가능해졌다. 그로 인해 인지신경과학이나 사회적 신경과학과 같은 새로운 연구 분야가 탄생했다. 따라서 영상학자들은 fMRI가 정신과 마음의 행복한 결혼을 이루어 주었다고 결론 내릴 만큼 낙관적인 분위기가 팽배했다. 그러나 그보다 더 중요한 것은, 일반 대중뿐 아니라 연구자들조차 fMRI가 생성하는 아름답지만 잘못된 이미지를 매개되지 않은 뇌 기능의 직접적 지표로 간주한다는 점이다. 뇌의 소유자가 수학 문제를 풀려고 시도할 때, 또는 런던의 택시 운전사가 복잡하기로 악명 높은 이 도시의 도로들을 가로지르는 경로를 짜 보라고 요구받았을 때, 뇌의 일부 영역이 활성화되는 것을 보여 주는 밝게 빛나는 사진들은 대중매체들에게 저항할 수 없을 만큼 매력적이라는 사실이 입증되었다. 골상학의 내면화된 재현으로, fMRI가 낭만적 사랑에서 경제적 선택과 도덕적 가치에 이르기까지 모든 정신현상이 일어나는 뇌의 자리를 보여 줄 수 있다고 주장되었다. 마치 그런 것들이 역사적으로 생성되는 것이 아니라 천성으로 정해져 있듯이 말이다.

fMRI 영상은 누군가의 뇌 속에서 실제로 벌어지고 있는 일의 실제 스냅 샷과는 거리가 멀지만, 일련의 조작과 통계적 가정들에 의해 연역되어 순간적인 호소력을 가진 극적인 영상을 만들어 낸다. 이 영상들은 신경과학자뿐만 아니라 일반인들에게도 실재로 간주된다. 그러나 이 영상들은 그것이 밝혀내는 것만큼이나 많은 것을 숨길 수 있다. 우선 평균 수 초에 해당하는 혈류의 시간척도가 너무 길다. 두뇌 과정은 수 밀리 초의 속도로 작동하기 때문이다. 공간적 해상도에도 마찬가지 문제가 있다. 1세제곱 밀리미터라면 크게 느껴지지 않지만, 뇌의 회백질인 피질 1세제곱 밀리미터에는 뇌의 1천억 개에 달하는 뉴런 중 500만 개가 들어 있으며, 이 뉴런들은 수백조 개의 시냅스, 22킬로미터에 달하는 수상돌기와 220킬로미터의 축색돌기를 통해 다른 뉴런이나 외부 세계와 연결되어 있다.[6] 쉐링턴이 거의 한 세기 전에 대뇌피질의 거의 불가해한 복잡한 작동방식을 파헤칠 과학의 능력에 대해 제기한 의구심은 지금도 여전히 우리에게 남아 있다.

그렇다 해도 fMRI 영상의 매력, 즉 강화된 색채, 실제로 생각하고 느끼는 뇌를 지켜보고 있다는 느낌이 주는 매력은 거역하기 힘들다. 이런 영상은 쉽게 접할 수 있고 이보다 추상적이었던 유전적 확실성인 해독된 DNA 염기 바코드, 심지어는 이중나선의 표상보다 쉽게 이해될 수 있다. 일부 덕성과 행동 특성이 "우리 DNA 안에 있다"는 수사는 여전히 지속되고 있을 뿐더러 한층 확산되기까지 했지만, 2010년 이후 fMRI 뇌 영상은 더 깊이 개인화되어 "내 fMRI가 나다"라는 인식에 이르렀다.

오늘날 포토숍이 널리 행해지며 카메라는 거짓말을 하지 않는다는 말을 믿는 사람은 거의 없지만, 우리는 내부 영상 촬영에 관한 여전히 이러한 주장을 믿는 경향이 있다. 신경과학을 연구하는 학생들조차 그다지 연관성이 없는 fMRI 영상이 수반되었을 때

fMRI

출발점은 자기공명영상(MRI)의 발명이었다. MRI는 사람을 진동하는 강한 자기장 속에 넣고 스캐닝하는 방법이다. 이 자기장이 (주로 몸속에 수분 형태로 있는) 체내 수소원자를 흥분시키고, 이 원자들이 내는 무선신호를 검출기가 잡아내는 원리다. MRI는 뇌 구조의 3차원 엑스레이 유형 영상을 제공하기 때문에, 뇌졸중이나 트라우마로 손상을 입은 영역을 찾아내는 데 매우 중요한 역할을 한다. 정적인 영상을 활동 중인 뇌의 동영상으로 변화시키는 핵심적인 발전은 1990년대에 기능적 자기공명영상(fMRI)으로 이루어졌다. 뇌는 신체의 산소를 엄청나게 많이 소비하는데, 이 산소는 혈액에 의해 운반된다. 산소 역시 강한 자기장에 의해 무선 주파수 신호를 방출한다. fMRI가 뇌 속을 지나는 혈류 속 산소 수준을 측정해, 그 수준을 뇌 활동의 대리 척도로 삼는다. 특정 영역에 혈류가 많아지면 해당 영역의 활동이 더 높은 것으로 간주한다. 뇌는 항상 활성화되어 있기 때문에 실험적 설계는 혈류, 즉 산소의 사용 수준 비교를 포함한다. 가령 단어 목록 중 어울리지 않는 단어를 골라내는 과제처럼 어떤 정신활동을 하고 있는 뇌와 쉬고 있는 뇌를 비교하는 식이다. 이 과제를 하는 동안 뇌의 일부 영역에서 혈류가 증가하면 그 영역을 해당 활동에 필수적인 곳, 심지어 뇌의 자리라고 가정한다.

뇌에 대한 잘못된 주장을 더 잘 받아들이곤 한다. 이 기술이 워낙 강력하기 때문에 뇌 영상을 더욱 혼란스럽게 이용하는 기술이 개발되고 있다. fMRI를 받고 있는 사람이 거짓말을 하는지 진실을 이야기하는지 판별할 수 있다는 주장은 영상 판독이 전통적인 방식보다 신뢰할 만한 거짓말 탐지기라는 제안으로 이어졌다.

과거 방식은 누군가 거짓말을 할 때 피부전도성이 높아진다는 가정을 기반으로 한 것으로, 미국에서는 지금도 사용되고 있지만 지극히 부정확하다는 평이 일반적이다. fMRI가 형사소송 법정에서 사용될 수 있을까? 죄수나 테러리스트 또는 간첩 혐의를 받는 사람들의 심문에는 어떨까? 노라이(NoLie)MRI와 같은 미국 회사는 정확성에 심각한 의구심이 제기됨에도 불구하고 이 기술을 이용해 법조계나 군부에 자신들의 서비스를 제공하기 위해 창업했다.

2010년 이후 신경과학은 마침내 성숙해졌다. 전성기가 온 것이다.

2

뇌의 수수께끼를 풀다

- 신경과학의 전성기 -

1990년대가 '뇌의 10년'이라고 불렸지만, 물리학과 천문학에서 오랫동안 친숙했던 대규모 프로젝트가 신경과학에서 이루어지는 속도는 느렸다. 첫 번째 거대 생물과학 프로젝트는 유전학에서 이루어진 혁명을 토대로 인간 게놈의 30억 개에 달하는 DNA 염기의 서열을 해독하는 계획을 수립했다. 이 계획에 들어가는 비용은 거의 30억 달러에 달했다.

잠재적인 후원자들에게 인간유전체계획(human genome project, HGP)이 줄 수 있는 것들을 확신시키기 위해, 그 주창자들은 1940년대의 대규모 맨해튼 프로젝트로 원자폭탄 제조에 성공한 이야기를 상기시켰다. 대중과 정치의 지원을 모두 얻기 위해, 분자생물학자들은 게놈 해독으로 새로운 과학지식뿐 아니라 지금까지 치료가 어려웠던 난치병의 유전자 치료와 맞춤약을 얻을 수 있으며, 그로 인해 건강과 부를 모두 증진할 수 있다고 주장했다. 이것은 역사상 가장 크고 파괴적인 폭탄 제조보다 훨씬 복잡하고 장황한 목표들이었다.

30억 달러는 생물과학 프로젝트로는 유례없이 많은 돈이었다. 일차적으로 미국 정부와 영국의 웰컴재단(Wellcome Trust, 당시 생의학 연구에 자금을 지원하는, 세계에서 가장 부유한 비정부 기구였다.)이 자금을 지원했지만, 공적 컨소시엄은 유전자 서열 특허로 이익을 얻으려는 기대를 품은, 상업적 지원을 받는 사기업들과 심한 경쟁을 벌여야 했다. 이러한 압력 아래 염기서열 해독은 새로운 천 년대가 시작되며 완성되었다. 이런 경쟁 자체가 유전과학과 디지털 기술을 융합시켰고, 유전자 연구와 염기서열 해독 방법을 크게 가속시켰다. 따라서 어떤 의미에서 분자생물학자들은 그들의 약속, 즉 인간 게놈의 염기를 완전히 해독하겠다는 약속을 지켰다고 할 수 있다. 그리고 프로젝트에 대한 공적 투자는 초고속 유전자 해독 기계부터 고객의 유전적 위험을 판독해 제공하는 기업에 이르기까지 많은 신상품을 통해 생명공학 산업에 활기를 불어넣었고, 만족을 모르는 신자유주의 경제의 성장 탐욕에 먹이를 주었다.

그러나 유전체 프로젝트가 완성되었음에도 처음에 약속했던 건강상 혜택은 결코 나타나지 않았으며, 거의 20년이 지난 최근에서야 새로운 유전자 기반 암 치료법 개발이 시작되었다. 그렇지만 결과적으로 프로젝트를 통해 밝혀진 게놈의 예상치 못한 복잡성(이 주제에 대해서는 우리가 다른 책에서 서술했다[1])은 유전자의 기능에 대한 생물학자들의 이해를 크게 바꾸어 놓았다. 그러자 HGP의 가장 열렬한 주창자들이 암과 알츠하이머에서 정신분열에 이르기까지 모든 질병을 치료할 수 있는 개인 맞춤약과 새로운 유전자 치료로 이어질 수 있다는 과도한 기대감을 누그러뜨렸다. 그들은 게놈 해독 완성이 연구의 후속 단계를 위한 강력한 기반을 제공했으며, 때가 되면 비로소 약속했던 성과를 거둘 수 있으리라고 설명했다. 자신들은 결코 그처럼 높은 기대를 부풀리지 않았다고, 그리고 그런 희망을 꺾지도 않았다고 주장했다.

인간 뇌 프로젝트

1990년대에 HGP와 함께 '뇌의 10년' 계획이 진행되었지만 대중들에게는 크게 알려지지 않았다. 그러나 미국과 유럽에서 신경과학에 대한 국가의 지원은 지속적으로 늘었다. 대서양 양편에서 실시된 미래 예측 프로젝트들은 신경과학을 잠재적으로 중요한 성장 영역, 새로운 정신질환 약품과 신경기술 개발로 부의 창출 가능성이 무르익은 분야로 보았다. 그러나 신경과학자들은 2013년이 되어서야 자신들의 대규모 프로젝트를 로비하는 데 성공했다. 이번에는 하나가 아니라 두 개, 즉 미국과 유럽에서 각기 하나씩의 대규모 프로젝트가 시작되었다. 뇌 연구가 가져다줄 수 있는 것을 언급하며 다시 한 번 맨해튼 프로젝트를 상기시켰다.

처음 출범한 것은 유럽의 뇌 프로젝트였다. 뇌의 비밀을 해독하고 뇌와 비슷한 컴퓨터를 만들기 위한, EU(European Union)의

12억 달러 '인간 뇌 프로젝트'(Human Brain Project, HBP)는 '플래그십 미래 신흥기술 프로그램'이 상을 내건 그랜드 챌린지 경쟁에서 이긴 두 승자 중 하나였다. [다른 하나는 그라핀 이니셔티브(Graphene Initiative)로, 그라핀은 생명공학과 광전변환(光電變換)공학처럼 이질적 분야에 적용할 수 있는 잠재력을 가진 새로운 형태의 탄소다.] 중요한 점은 HBP 기금이 EC(European Commission)의 연구부서가 아니라 '정보 및 컴퓨터 기술 이사회'에서 나왔다는 것이다. 이것은 그 주창자들이 무슨 주장을 하든지 간에 지원 주체들이 HBP를 신경과학 연구 프로젝트로 보는 것이 아니라 새로운 컴퓨터 기술을 생성하는 프로젝트로 보고 있다는 반증이었다. 유럽 슈퍼컴퓨터센터의 저명한 연구자 토마스 리퍼트(Thomas Lippert)는 HBP를 "유럽에서 ICT* 를 이끌고 있는 주된 동력"이라고 평했다.[2]

2008년의 은행 파산 사태는 유럽과 북미 경제의 취약성, 무엇보다 자본주의의 미래에 중심적인 실물 경제의 부진한 성장세를 잔인한 방식으로 드러냈다. EU는 이런 위기에 대한 대응으로 두 가지 프로젝트, 즉 그라핀과 뇌를 경제 성장을 복원할 가능성이 가장 높은 테크노사이언스로 선택했다. 과거의 게놈 프로젝트와 마찬가지로, 정부와 사회가 기후변화와 환경 위해와 같은 주제를 무시하고 오로지 경제 성장에만 초점을 맞추어도 무방한가

* ICT: Information & Communication Technology의 약자로 정보통신기술을 가리킴.

에 대한 토론은 거의 또는 전혀 이루어지지 않았다.

1986년 독일의 사회학자 울리히 벡(Ulrich Beck)이 영향력 있는 저서 《위험사회》(*The Risk Society*, 새물결)를 발간해 고삐 풀린 과학과 기술로 인해 발생할 수 있는 위험을 강조했음에도 아무 소용이 없었다. 더구나 이러한 기술 개발이 사회의 성장에 기여할지 또는 EU의 엄청난 연구 프로젝트들이 신자유주의로 인해 심화되는 불평등을 한층 악화시킬지에 대한 토론도 전혀 없었다.

많은 경제학자들은 국가나 EU가 연구의 위험한 초기 단계에 연구비를 지원하고, 나중에 사기업들이 이익 창출 단계를 향유하는 데 대해 회의적이었다. 더구나 오늘날 전 지구적 경제에서 국가나 EU는 이익을 얻는 것이 자국의 자본가인지조차 확신할 수 없다. 그라핀은 영국의 두 과학자가 발견했지만 그들은 2010년에 노벨상을 받은 러시아 이민자였다. 또한 2013년에 EC의 10억 달러에 달하는 그라핀 이니셔티브가 시작된 지 불과 2년 후 중국이 그라핀 시장을 장악하면서 특허 수는 4배, 생산량은 유럽의 12배가 되었다.

대중의 참여

HBP에 자금을 지원하기로 한 결정은 EC의 폐쇄된 집단 내에서 유럽의 신경과학 공동체나 일반 대중에게 의견을 구하지 않고 이루어졌다. 신경과학자 사회의 자문을 얻지 않은 점은 이 장의 후반부에서 다룰 폭넓은 공개적 반발로 이어졌다. 그러나 정책이 크게 유턴하게 된 중요한 원인은 대중의 의견을 수렴하지 않았기 때문이었다. 1980년대 녹색운동—기술적 진전, 특히 유전자 변형 생물체(GMOs), 그리고 이후 생물권 관리 실패로 이어진 테크노사이언스의 지배에 대한 도전—이 등장한 이후 대중 자문은 필수 과정이 되었다. GMO에 대한 대중의 반감이 지속되면서 2015년에는 EU 회원국의 절반에 해당하는 나라들이 유전자 변형 곡물에 대한 금지 완화 조치에서 탈퇴했다.

영국에서는 GMO에 대한 적대감뿐 아니라 광우병 사태, 신3종 전염병(홍역, 유행성이하선염, 풍진) 혼합 백신이 자폐증을 일으킬 수 있다는 의학 저널의 주장 등으로 인해 점차 과학에 대한 대중의 불신이 깊어졌다. 왕립학회(Royal Society)는 과학과 관련된 재난의 일차적 책임이 있는 영국 정부의 무엇보다 시급한 과제는 대중의 신뢰를 회복하는 일이라고 조언했다. 첫 번째 프로젝트는 과학자들이 직접 대중에게 발언을 하고 과학적 사실들을 설명하면 대중의 이해가 높아지고 신뢰가 회복될 것이라고 가정했다. 이런 가정이 타당한지 검증하기 위해, 대중이 과학과 관련된 위험에 직면했을 때 과학을 어떻게 이해하고 신뢰하는지 조사하기 위해, 경제사회연구협의회(the Economic and Social Reasearch Council)는 일련의 연구를 지원했다.[3]

연구 결과 과학과 과학자에 대한 오래된 존경심은 약해졌고, 과학자들과 그들의 조언만으로 충분히 정책을 지도할 수 있다는 과학자 공동체의 믿음 역시 비슷한 상황을 겪고 있다는 결론이 내려졌다. 이런 사태를 극복하기 위해서는 과학자들이 서로를 존중하는 대화를 통해 과학과 대중 모두 용인할 수 있는 과학을 도모하겠다고 약속할 필요가 있었다. '대중의 과학 참여'(Public Engagement of Science)라는 새로운 접근방식은 2001년 영국 상원의 과학기술위원회 보고서를 통해 확인되었고, 과학에 대한 시민들의 신뢰를 회복하기 위한 틀이 되었다.

2006년 뇌과학에대한유럽시민숙의(The European Citizens' Deliberation on Brain Science)가 의회에 뇌 연구의 우선순위 목록을 제출하면서, 유럽 전역에서 과학에 대한 대중의 참여가 고조되었다. EU의 홍보 매체들이 대규모 선전활동을 벌인 것도 놀랍지 않았다.

최초로 유럽연합 시민들이 공공정책을 수립하는 논쟁에서 운전석에 앉았다. 그 분야는 뇌과학이고, 매우 중요한 주제이기 때문에 2년간 [대중자문이라는]…복잡한 과학 분야의 정책 개발에서…일반 시민들이 EU를 이끌어가는 전대미문의 기회가 되었고…참여적 정부로 나아가는 획기적 진전이 되었다.[4]

EC는 두 재단을 통해 매개 역할을 하며 대중 자문을 위한 자금을 제공했지만, 그 밖의 다른 적극적인 역할은 하지 않았다.

그 결과 EU 의회와 집행위원회에 37개항의 시민 권고안 목록이 제출되었다. 권고에는 사회적으로 책임 있는 경고를 하기 위해 "건강한 뇌와 병든 뇌 모두에 기초적이고 근본적인 연구 지원을 늘릴 것" "사회의 의료화를 피하고…뇌 연구를 사회적 통제 수단으로 사용하지 말 것…정신병학적 및 신경학적으로 손상을 입은 사람들의 다양성과 요구를 인식하고, 존중하고" 연구비 지원의 투명성을 높이고 뇌 연구를 감시하기 위해 범유럽 윤리위원회를 설립할 것 등이 포함되었다.

사람 뇌의 컴퓨터 시뮬레이션을 실행한다는 HBP의 대규모 프로젝트는 목록에 오르지 않았다. 그러나 시민들이 운전석에 앉고 참여적 거버넌스의 획기적 진전이 이루어진 것은 여기에서 끝이었다. HBP는 대중의 신뢰를 확보하는 과제를 위해 이 프로젝트에 일반 대중을 참여시키는 대신 전문 생명윤리학자와 사회학자들을 참여시키는 데 그쳤다.

태초에 쥐가 있었다

인간 뇌 프로젝트는 이 프로젝트의 창시자이자 조정자였던 스위스에 기반을 둔 신경과학자 헨리 마크램(Henry Markram)이 기초로 삼았던 전제에서 출발했다.[5] 그는 사람의 뇌가 "세상에서 가장 정교한 정보처리 기계"이며, 아직까지 밝혀지지 않았지만 "재래식 컴퓨터와는 전혀 다른 원리로" 작동하는 것 같다고 말했다. 따라서 이 프로젝트의 목표는 "의학과 컴퓨팅 분야에서 신경과학과 뇌 관련 연구를 위한 기반 구조를 구축하고, 사람의 뇌를 이해하고 궁극적으로 그 계산 능력을 모방하기 위한 국제 협력을 촉매하는 것"이었다.[6] 즉 그 의도는 2023년까지 좀 더 뇌와 비슷한 컴퓨팅—이른바 신경모방(neuromorphic)—의 새로운 형태를 발명하고, 사람의 전체 뇌의 컴퓨터 모델을 만드는 것이다.

EC와 참여 국가의 공동 출자로 23개국에 걸쳐 113개 개별 연구 그룹이 참여해 10여 년에 걸쳐 이루어지는 이 야심찬 프로젝트의 규모는 30억 달러가 들어간 HGP의 DNA 염기서열 분석을 왜소하게 만들 정도다. 그러나 앞으로 살펴보겠지만, 이 프로젝트는 공식 출범하기 전부터 논쟁의 수렁에 빠졌다. 마크램의 제안은 그에 앞서 이루어진 미국의 거대 컴퓨터 기업 IBM과의 협력 연구를 기반으로 한 것이었다. IBM의 유럽 기지는 스위스 로잔에 있다. 체스 세계 챔피언 게리 카스파로프(Gary Kasparov)에게 최종 승리를 거둔 것이 IBM의 딥 블루 컴퓨터인데, 이 성공에 고무되어 IBM은 2005년 마크램과 협력해 그가 블루 브레인(Blue Brain) 프로젝트를 위해 요구한 블루 진(Blue Gene) 슈퍼컴퓨터를 제공했다.

마크램은 인간 뇌의 해부학, 생화학, 생리학에서 알려진 모든 것을 컴퓨터에 통합시키는 '실제' 모델을 구축하기 위해 설치류 뇌의 작은 부분에서 소박하게 시작했다. 처음에는 로잔에서 출발한 HBP는 지금 제네바의 새로운 캠퍼스로 이전했고, 본질적으로 블루 브레인과 EC의 관심을 사로잡았던 신경모방 컴퓨터의 상상력을 크게 확장시킨 버전이다. 그러나 처음부터 IBM이 확고하게 기반을 구축했기 때문에, 유럽의 IT 산업은 축출되지 않기 위해 안간힘을 기울여야 했다. HBP에 참여한 연구자들 중 이 프로젝트가 스위스의 사적인 재단을 위한 계획이며 프로젝트에서 발생하는 상업적 기회를 활용할 권한이 그 재단에 있다는 사실을 알고 있는 사람은 많지 않았다.

초기의 의도는 뇌의 연결과 화학에 대한 방대한 양의 기존 데이터를 대조하고, 그 결과를 재래식 컴퓨터 시스템에 공급해서 어떻게 뇌가, 예를 들어 시각이나 기억을 가능하게 작동하는지 알아내기 위한 모델을 만드는 것이었다. 여기에서 '뇌'는 사람의 뇌를 가정했지만, 실제로 많은 데이터가 실험동물들로부터 나왔다. 쥐와 생쥐와 같은 소형 포유류 신경의 생화학, 생리학, 그리고 미세한 해부학적 구조는 사람의 그것과 상당 부분 공통되며, 인간 뇌에서 작동하는 세포 과정에 대해 알려진 사실은 대부분 동물 모델을 기반으로 한 것이다. 그러나 동물 실험에서 효과적이었던 약의 실패 사례들—알츠하이머가 좋은 예다—은 동물 실험을 사람에게 번역하는 과정에 신중할 것을 경고한다. 이런 종류의 실패는 거의 늘 일어난다.

EU의 HBP가 공식 출범하고 몇 달 후, 미국 신경과학자들은 유럽과 상응하는 프로젝트에 대해 오바마 대통령의 지원을 얻어 내는 데 성공했다. 마크램의 제안과 다르지 않은 [커넥텀(connectome), 즉 신경망 지도화라 불린] 초기 안은 사람 대신 쥐의 뇌 속 7천만 개 뉴런의 모든 경로와 연결을 지도로 만드는 것이었다. 6년에 걸친 힘겨운 해부학적 연구가 끝난 2015년에 미국의 한 연구팀이 쥐의 뇌—쌀알보다 작은—의 1500세제곱 마이크로미터를 완전히 지도화했다고 보고한 사실에서, 이 과제의 엄청난 규모와 야심이 잘 드러난다.

쥐의 뇌 무게는 사람 뇌의 3000분의 1 정도에 불과하지만, 이 연구를 통해 사람의 정신질환의 기원을 밝힐 수도 있으리라는 언론 보도를 막을 수는 없었다.[7] 거의 동시에 마크램은 HBP가 쥐의 콧수염과 연결된 뇌의 작은 영역의 연결 중 미세한 일부를 모델로 삼았으며, 이 영역의 연결을 자극해 컴퓨터모형 콧수염을 씰룩거리게 할 수 있었다는 결과를 발표해 관심을 끌었다. 그러나 다른 신경과학자들은 회의적인 입장이었다.[8]

DARPA와 BRAIN 프로젝트

신경망 지도화의 요청에 대응해 오바마는 처음에 30억 달러를 BRAIN(Brain Research for Advancing Innovative Neurotechnologies) 프로젝트에 지원하기로 약속했고, 그 예산은 2014년 45억 달러로 늘었다. 연구비 지원 약속에도 불구하고 오바마의 제안은 신경과학계의 즉각적이고 전반적인 칭찬을 얻지 못했다. 가장 많은 비판은 시기상조이고 규모가 너무 크다는 것이었다. EU 프로젝트가 집행위원회의 명령으로 출발한 반면 오바마 프로젝트는 신경과학자들의 다양한 목표와의 협상에 열려 있었고, 신경과학자들은 BRAIN 프로젝트의 목표를 신경망 지도화를 넘어 확장시킬 수 있었다. 나노입자에서 광전자공학에 이르는, BRAIN이 지원한 혁신 기술들은 흔히 뇌 연구와는 거리가 멀고 폭넓은 산업적 잠재력을 가진 것처럼 보였다. HBP와 달리 BRAIN이라는 미국 프로젝트의 두문자어(頭文字語)는 기술 중심적이고 부를 창조하려는 의도를 분명히 했다. 중요한 점은 BRAIN이 미국 연방기관과 NIH뿐 아니라 DARPA를 통해 군부에서도 자금을 지원받았다는 것이다.

DARPA의 관심은 노골적으로 신경보철(neuroprosthetics), 즉 뇌와 마음에 손상을 입은 젊은 병사들을 치료하는 컴퓨터 보조장치에 있었다. 2000년 이후 해외 전장에서 돌아온 미국 병사 중 30만 명이 이런 환자였다. 양측의 전투력 차이가 큰 비대칭전에서 미군과 영국군 사상자 상당수는 무장 차량을 공격하는 사제 폭발물로 인해 발생했다. 이런 차량 내부에 탑승한 병사는 헬멧을 썼더라도 뇌 손상을 입는다. 전쟁의 잔혹함이 오랫동안 지속되는 정신적 상처를 남길 수 있듯이, 이런 트라우마는 종종 폭발 이후 많은 시간이 지난 후에 증상이 나타나기도 한다. 대뇌피질의 운동이나 시각 영역에 뇌-컴퓨터 인터페이스 장치를 이식하면, 척수 손상으로 인한 마비와 망막이나 시신경 손상에 따른 시각장애를 우회할 수 있다. 자기나 전기를 이용한 뇌 자극이 외상후 스트레스 장애를 완화하거나 기억력 손실을 보정할 수도 있다.

그러나 군의 목적은 단지 치료에만 국한되지 않는다. DARPA는 이러한 보철술이 항공사진을 해석하는 첩보 분석가의 지각을 향상시키거나, 조종사가 미사일을 발사할지 여부 또는 언제 발사해야 할지 신속하게 결정할 수 있게 해줄 가능성에 관심이 있다.

흔히 그렇듯 군에서 개발된 의료 기술은 민간 치료로 이전된다. 2015년 NIH는 보철물 이식 가능성을 보고, 상업적 개발을 장려하고 미국 식품의약국(FDA)이 새로운 치료법을 위한 승인 절차에 속도를 내게 하기 위해 일련의 BRAIN 워크숍을 주관했다. 그러나 저명한 생명윤리학자들이 지적했듯이, 이처럼 정치적인 동기로 신속함을 강조하면서 윤리적 문제들에 대응하는 데 실패했다.[9]

신경과학은 과학과 윤리 양면에서 모두 특별한 도전을 받고 있다. 자신만만한 야심으로 인해 뇌의 복잡성과 그에 대한 우리의 어설픈 이해 수준, 우울증 치료를 위해 시도되는 임상적 심층 뇌 자극에 대한 빈약한 근거, 보철물 이식이 행동에 급격한 변화를 야기해 환자의 자율성에 영향을 미칠 수 있다는 우려 등을 무시하고 있다. 이런 문제들은 한결같이 신중함을 요한다.

뇌의 수수께끼

유럽과 미국의 대규모 뇌 프로젝트들은 과장된 수사들을 폭포수처럼 쏟아내며 출범했다. 이 프로젝트들은 "엄청난 변화를 초래할 것이고" "우리의 양 귀 사이 31파운드 물질의 수수께끼"를 풀, 맨해튼 프로젝트나 우주인 달 착륙 또는 힉스 입자 발견을 능가하는 성취로 묘사되었다. "인간 뇌 지도가 완성되면 우울증에서 외상후 스트레스, 알츠하이머와 전신불수 등 모든 정신질환의 치료법 개발에 가까워질 것"이라는 주장도 제기되었다.[10] HGP가 시작되었을 때에도 그 주창자들은 얼굴도 붉히지 않고 똑같은 주장을 되풀이했다. 그러나 지금까지도 유전체학은 그런 약속을 실현시키지 못했다. 게놈 프로젝트와 마찬가지로 뇌 프로젝트들도 단지 과학적 이해와 건강만이 아니라 (실제로는 그 무엇보다) 부를 창출하는 원천으로 가정되었다. 오바마는 게놈 프로젝트에 투자되었던 연방 자금 1달러가 미국 경제에 141달러를 벌어 주었다는 주장을 상기시켰다. 그는 BRAIN 프로젝트가 그에 못지않게 기여할 것이라고 확언했다. 이에 뒤질세라 일본은 2014년에 독자적인 대규모 뇌 프로젝트를 선언했고, 이 글을 쓰는 시점에서 중국도 2015년 봄에 훨씬 큰 프로젝트를 선언할 준비를 마쳤다고 한다.

이러한 신경 프로젝트들이 우주 프로그램처럼 국가간 경쟁의 각축장이 될 것인가? 실제로는 국가간 경쟁에 그치지 않고 있다. 마이크로소프트사의 공동 설립자인 폴 알렌(paul Allen)이 설립한 알렌 연구소도 앞선 선구적 뇌 프로젝트인 커넥텀과 뇌 지도 작성을 따라잡기 위해 독자적인 대규모 프로젝트인 '빅 뉴런'(Big Neuron)을 선언했다.

표면적으로 뇌 프로젝트들은 실제로 신경과학의 맨해튼 프로젝트다. 그러나 좀 더 자세히 들여다보면 그 주창자들의 주장에도 불구하고 이러한 유사성은 점차 옅어진다. 원자폭탄 만들기와 (설령 건강에 대해 약속했던 목표를 달성하지 못했더라도) 30억 개의 DNA 염기서열을 해독한다는 분명한 목적이 있었던 데 비해 사람 뇌의 수수께끼를 푼다는 것은 무슨 의미를 가지는가? 이때의 해결이란 과연 무엇인가? 두 프로젝트에 참여한 신경과학자들에게 이런 물음을 제기하면 저마다 다른 답과 다양한 연구 제안을 듣게 될 가능성이 높다. 유럽 상(the European award)이 발표되기 이전부터 로잔의 마크램과 가까운 학자들을 포함해 많은 신경과학자들은 뇌를 '컴퓨터로'(in silico*) 모형화할 수 있는 가능성에 대해 회의적인 목소리를 내기 시작했다. 뇌가 작동하는 근본 원리가 밝혀지지 않았기 때문이다.[11] 신경과학은 맨해튼 프로젝트를 떠받친 이론물리학이나 인간유전체계획의 기반이었던 분자생물학과 전혀 대등

* in silico: 인 실리코, 가상환경의 실험, 컴퓨터 모델링.

하지 않다.

인공지능 분야가 처음 출현한 1950년대 이래 연구자들을 갈라놓았던 쟁점은 인지의 기반이 되는 뇌의 작동을 본뜨기 위해 신경 연결망의 기반이 되는 생화학적 과정, 즉 시냅스 기능의 세부사항을 밝혀내는 것이 정말 중요한지 여부였다. 아니면 이러한 분자적 메커니즘을 당연한 것으로 여기고 복잡하고 풍부하게 연결된 뇌의 하위 체계들이 상호작용하는 방식을 모형화할 것인가? 다시 말해 상향식 모형화냐 하향식 모형화냐의 논쟁이었다. DARPA는 인공지능에 대한 지원에서 하향식을 선택했다. DARPA의 모형화 연구자들은 뇌의 미세한 내부 구조는 중요하지 않다고 주장했다. 그 대신 그들은 적절한 입력이 공급되었을 때 "뇌와 비슷한" 방식으로 학습하고, 기억하고, 정확한 반응의 출력을 수행하는 모형을 만드는 데 초점을 맞추었다.

상향식 모형화에 대한 마크램의 주장은 뇌의 더 고차원 기능, 특히 인지를 연구하는 많은 신경과학자들에게 받아들여지지 않았다. 파리에 기반을 둔 인지과학자 스타니슬라스 데하네(Stanislas Dehaene)는 "새의 깃털 하나하나를 시뮬레이션해 비행 원리를 밝혀낼 수 없듯이, 상향식으로는 뇌의 기능과 그 질병을 해명할 수 없다"고 말했다.[12] 논쟁의 핵심은 인간 뇌의 작동방식을 연구하고 설명할 적절한 수준이 어느 정도인가였다.

성공을 위해 HBP는 컴퓨터 시뮬레이션에 들어가는 데이터의 질을 확보하고 방대한 양의 데이터를 관리—이것만으로도 힘들지만—할 뿐만 아니라 탐구를 위해 검증 가능한 가설들을 수립할 필요가 있었다. 현재 결여되어 있는 것이 바로 이 점이다. 그러나 화려한 수사에도 불구하고 많은 신경과학자들에게 HBP의 목표는 뇌를 연구하는 것이 아니라 신경학적 및 정신병학적 질병이라는 시급한 문제를 해결하려는 것처럼 보였다.

초기에는 많은 연구비 지원 가능성으로 크게 흥분했지만, 차츰 참여 연구자들 사이에서 불만의 목소리가 높아지며 마침내 2004년에 공개적으로 표출되었다. 약 700명의 신경과학자들이 EU 집행위원회에 보내는 서한에 서명했다. 그들은 이 프로젝트의 과학과 관리 모두를 비판했는데, 특히 비판자들이 "어처구니없이 시기상조"라고 부른 분자 수준에서 출발하는 뇌의 상향식 모형화, 그리고 신경과학에서 가장 발전한 분야인 인지과학을 배제시킨 조치가 비난의 대상이었다. 서한은 목표와 방법을 좁힐 것을 강조했고, 외부 전문가들이 시급히 프로젝트를 독립적으로 평가할 것을 요구했다.

중요한 것은, 처음 답을 한 주체가 EU의 연구이사회가 아니라 '커뮤니케이션 네트워크, 내용 및 기술' 단장인 로버트 마델린(Robert Madelin)이었다는 점이다. 그는 비판자들을 달래기 위해

"인간 뇌를 이해하기 위한 단일한 로드맵"이 없다는 지적에 동의하며 HBP가 BRAIN 프로젝트의 협력 프로젝트라는 점을 강조했다.[13] 마크램의 반응은 그보다 강경해서, 연구자들의 비판을 억지소리쯤으로 치부했고, 이런 의구심은 게놈 프로젝트 초기에도 끈질기게 제기되었다고 일축했다. 그에 대해 유럽의 두 시니어 신경과학자 이브 프레냑(Yves Fregnac)과 질 로랑(Gilles Laurent)은 〈네이처〉에 "인간 뇌 프로젝트에 뇌는 어디에 있는가?"라는 기사를 실어 공개적으로 대응했다.[14] 두 사람은 초기에 이 프로젝트에 참여했었다.

집행위원회는 외부 중재위원회를 조직하는 것 말고 선택의 여지가 없었고, 2015년 3월에 나온 보고서는 대체로 비판이 정당했음을 시인했다. 보고서는 프로젝트가 거버넌스뿐 아니라 과학적 계획, 특히 핵심 목표였던 뇌 전체의 시뮬레이션에서 실패했으며, 임상적 가능성을 과장했다고 결론지었다. 가장 강한 비판이 겨냥한 곳은 이 프로젝트의 거버넌스 구조였다. 책임과기본윤리위원회의 설치로 공격을 피했지만, 전반적인 권력은 3명의 집행위원회, 특히 그 중에서도 마크램의 수중에 들어 있었다. 마크램은 "HBP 내에서 모든 것을 결정하는 집행부와 관리체계의 일원이었을뿐 아니라 의장이었다. …게다가 그는 모든 자문위원회의 구성원이었으며, 동시에 그 위원회들에 보고했다. …그는 관리팀의 구성원들을 임명했고, 운용 및 계획 관리를 수행했다." 《이상한 나라의 앨리스》에서 교활하고 늙은 고양이 퍼리가 쥐에게 하는 말이 그에게 적격일 것이다. "난 판사이자 배심원이야. 나 혼자 재판을 할 거야."

이런 모욕적인 비판에도 불구하고 마크램과 그의 동료 관리자들은 자신들의 원대한 프로젝트가 평범한 계획으로 전락할 위험이 있다고 유감스러워했다고 한다. 뇌를 컴퓨터로 모형화하는 것은 HBP만의 "독특한 장점"이라는 것이다.[15] 이 대목에서 과학의 언어가 마케팅의 언어로 대체되는 셈이다.

신경과학이라는 빅 텐트의 균열?

낙관적인 주장과 풍부한 연구비에도 불구하고 신경과학의 문제점은 특정 프로젝트에 대한 전문가들 사이의 비판보다 훨씬 심각해지고 있다. 이러한 의구심 저변에 있는 것은 신경과학이 실제로 어떤 종류의 과학인지, 또는 신경과학이 서로 다르고 심지어 상반되는 여러 과학적 시도들을 편의상 하나로 묶는 이른바 여행가방 개념이 아닌 단일한 연구 분야인지에 대한 불확실성이다. 신봉자들을 끌어들이는 fMRI의 뛰어난 능력에도 불구하고 핵심 문제는 여전히 남아 있다. 그것은 중심적인 '뇌 이론'이 없다는 것이다. 데하네와 마크램이 인간 뇌 프로젝트의 방향을 둘러싸고 충돌을 빚으며 분명해졌듯이, 분자 수준에서 시스템에 이르기까지 다양한 신경과학 분야를 하나로 통합시킬 방도가 없으며, 그들을 '마음'이라는 신비스러운 영역으로 들어오게 하기란 더욱 힘들다. 매년 신경과학학회에서 만나는 4만 명에 달하는 신경과학자들은 종종 공통의 언어가 없는 것처럼 보인다. 우리의 서가에 꽂힌, 하나는 인지심리학자가 쓴 것이고 다른 한 권은 분자생물학자가 저자인 두 권의 책은 참고문헌이 거의 다르다. 심지어 '기억'을 구성하는 것이 무엇인지에 대한 이해도 서로 다르다. 신경과학은 데이터는 풍부하지만 이론이 빈곤한 분야다.

측정 방법이 서로 맞지 않고 종종 재생 불가능한, 산처럼 많은 데이터가 복수의 원천에서 수집되기 때문에, 이 모든 데이터를 컴퓨터 포맷된 공공 저장소로 보내는 인간 뇌 프로젝트의 원래 임무가 크게 흔들리고 있다. 정보기술 전문가들의 고민거리인 GIGO, 즉 "가치 없는 데이터를 입력하면 쓸모없는 결과가 나온다"(Garbage In, Garbage Out)는 문제가 모든 프로젝트에 그늘을 드리우고 있다. 신경과학이 약속한 '상품'이 나올 날이 아직도 아득히 멀게 여겨지는 것은 그리 놀랄 일이 아니다.

그럼에도 증식하는 '신경'이라는 접두사

지난 30년 넘는 기간 동안 유전자 조작된 쥐, fMRI, 그리고 이와 유사한 영상기법들을 통해 마침내 신경과학은 성숙한 분야가 되었고, 거대과학의 세계에 입성했다. 오늘날 신경과학의 지지자들은 더 나은 육아와 교육을 통해 우리 자신과 아이들의 뇌를 향상시킬 수 있고, 생활양식 변화를 통해 노화를 연기하거나 심지어 피할 수 있다고 끊임없이 선전한다.

역사학자 도나 해러웨이(Donna Haraway)가 "유전자가 곧 우리다"(Genes'R'Us)라는 표현으로 조롱했던, 바깥에서 오는 운명을 유전자 조작과 신약으로 피한다는 강력한 결정론을 함의하는 유전자 담론(genetalk)과 달리, 신경담론은 뇌가 도전에 순응적이고 가소적(可塑的)이라는 생각을 강조한다. 뇌가 손상과 경험에 반응해 스스로 변화하는 능력을 가리키는 말로 과거 신경과학자들이 사용했던 '가소성'(plasticity)이라는 전문용어는 오늘날 신경과학을 선전하는 수사어구가 되었다. 십대와 그들의 걱정 많은 부모들에게 제공되는 자기계발 서적과 강좌에서 이 수사가 받아들여지면서, 가소성은 말 그대로 뇌 속에 깊이 묻혀 있는 희망이 되었다. "나의 가소성으로 나는 나 자신을 개조할 수 있다"라는 말이 이런 믿음을 잘 보여 준다.

유럽과 미국, 신흥 과학 강국인 중국과 극동의 이웃 나라들의 연구비 지원 기관들은 '신경'이라는 접두사가 가지는 힘과 가능성의 메시지를 받아들였다. 그러나 다음 장들에서 살펴보겠지만, '증거 기반' 신경과학의 충고는 우리의 뇌가 문화·사회·경제·역사·환경의 복잡한 상호작용 속에 배태된 위치와는 사뭇 동떨어져 있다고 가정한다.

그렇다면 이러한 가정은 이 책의 서두에서 언급했던, '신경'이라는 접두사가 계속 증식하는 현상에 어떤 영향을 미칠까? 일반적으로 최소한 자연과학의 이념에 따르면, 이론적 토대가 취약한 분야와 영역, 그리고 활동 들이 '신경'이라는 접두사에서 방어막을 찾는다. 이 접두사는 무척 매력적이기 때문에 원래 슈미트와 그의 동료 선구자들이 뇌와 신경계의 원리를 이해하기 위해 통합적 과학을 구축하려고 시도했던 목표를 훨씬 넘어서는 이론과 실행들에까지 붙게 되었다. 이러한 신경담론의 일부는 유행을 좇는 거품이나 일시적이고 기회주의적인 마케팅과 별반 다를 바가 없다.

신경윤리와 같은 다른 영역들도 비판적 반대에 직면하자 새로운 이론적 근거를 마련하기 위해 뇌의 작용과 인간 진화의 역사로 관심을 확장하고 있다. 그러나 우리가 우려하는 것은 신자유주의에 의해 빚어져 아동 발달과 교육의 공공정책에까지 개입하고 심지어 이런 정책들을 식민화하는 주류 신경과학의 날로 팽창하는 야망에 대한 것이다. 3-4장에서는 이런 주제를 다룰 것이다.

3
정신 자본의 시대

- 조기개입 -

2008년 은행 파산 사태가 절정에 달하고 불황이 장기화되자 노동당 정부는 〈정신 자본과 복지: 21세기에 우리 자신을 최대한 활용하기〉(Mental Capital and Wellbeing: Making the Most of Ourselves in the 21st Century)라는 제목의 미래예측 보고서를 발행했다.[1] 이 예측 보고서는 정부의 장기 전망 수립을 돕기 위해 마련되었고, 시나리오를 계획하고 많은 전문가 자문을 병행해 얻은 결과를 기반으로 향후 수십 년에 걸쳐 예상되는 기회와 위험, 우선순위 설정 등을 제시하려 했다.

작성 부서—현재 소관 부서는 과학기술국이며, 산업혁신기술부 소속이다—가 말해 주듯이, 이 보고서의 일차 목표는 부(富)의 창출이었다. 따라서 제목에 포함된 "우리 자신을 최대한 활용"하는 것과 평생의 전 생활 주기를 포괄한다는 약속에도 불구하고 보고서의 가장 핵심적인 주장은 명확하다. 그것은 다음과 같다. "시민들이 경제적으로나 사회적으로 번영하려면 국가가 어떻게 시민들의 인지적 자원을 활용할 것인지 학습해야 한다. 조기개입이 핵심이 될 것이다." 그리고 신경과학이 젊은이들의 마음을 향상시키기 위한 계획에서 중요한 역할을 맡는다는 것이다.

이 보고서는 3가지 개념이 중심을 이루고 있다. 정신 자본(mental capital), 정신 복지(mental wellbeing), 인지 자원(cognitive resource)이 그것이다. 첫 번째 정신 자본에는 인지능력, 학습의 유연성과 효율성, 사회적 기술과 복원력 등이 포함된다. 두 번째 개념인 정신 복지란 "개인이 자신의 잠재력을 개발하고, 생산적이고 창의적으로 일하고, 다른 사람들과 튼튼하고 긍정적인 관계를 수립하고, 자신이 속한 공동체에 기여할 능력을 가리키는 역동적인 상태"를 뜻한다. 세 번째 인지 자원은 리더십에 필요한 심리적 특성, 즉 지능 · 경험 · 스트레스를 이겨 낼 능력 등을 의미한다. 보고서의 의미에서 정신 자본은 개인과 국가 모두의 자산이다. 보고서는 이렇게 말한다. "자본이라는 말은 자연스럽게 재정적 자본 개념을 연상시키지만, 정신을 이런 방식으로 생각하는 것은 자연적이고 동시에 도전적이다." 그러나 '자연적'이라는 주장이 생물학적 불가피성을 환기시킨다는 것은 그리 감지하기 어렵지 않다. 정책통들에게 이런 주장이 수사적 매력을 갖기 때문이다. 과연 '자연'을 거스를 수 있는 자가 누구이겠는가?

보고서의 확고한 메시지는, 무자비한 경쟁이 벌어지는 현대의 지식 경제에서 아시아의 신흥 경제 거인들과 맞서 살아남기 위해서는 노동력을 향상시키고, 정신 자본의 국가적 총합을 증대시켜야 한다는 것이다. 그리고 전체 프로젝트의 경제적 추동력을 강화하기 위해 〈네이처〉는 애덤 스미스(Adam Smith)를 되살려 낸 요약 보고서 〈국가의 정신적 부〉(The Mental Wealth of Nations)를 발간했다.[2]

정신 자본과 그 밖의 자본

보고서의 '정신적'이라는 수식어는 자본주의의 지지자와 비판자 모두 탈산업자본주의를 이해하는 데 필수적이라고 여기는 비물질적 형태들을 지칭한다. 그러나 필수적일지 모르는 이러한 개념화에 대한 합의는 아직 이루어지지 않았고 논쟁이 이어지고 있다. 또한 이런 합의는 정치적으로 중립적이지 않다. 따라서 애덤 스미스의 '국부'(國富) 논의에 대해 게리 베커(Gary Becker)는 그의 매우 영향력 높은 1964년의 저서 《인적 자본》(*Human Capital*)에서 합리적인 개인과 그들의 결단성 있는 선택 능력에 초점을 맞추었다. 진정한 시장 옹호자이자 방법론적 개인주의자인 베커는 이러한 합리적 사익 추구가 (자신의 개인적 · 비물질적 자본을 높여서) 개인과 국가 모두에게 최선을 보장해 준다고 보았다. 베커의 윈-윈 명제는 경제학 전문가 집단의 범위를 넘어 서구의 교육정책에 큰 영향을 미쳤다.

오늘날 또 한 사람의 시카고학파 경제학자 제임스 헤크먼(James Heckman)의 사상이 교육과 경제 성장 개념에 상당한 영향력을 발휘하고 있다. 다른 이들과 마찬가지로 헤크먼도 미국의 헤드스타트(Headstart) 계획으로 상징되는 1960년대의 정책적 관심사인 조기개입(early intervention)으로 회귀하고 있다. 이 정책은 특히 아프리카계 미국인 아동들이 높은 비율로 포함된, 사회적으로 혜택 받지 못한 취학 전 아동들을 대상으로 한다.[3] 헤크먼은 미국의 사회학자 J. S. 콜맨(Coleman)의 "교육의 기회 균등" 이론을 끌어들였는데, 이 이론은 사회적 자본과 사회적 네트워크 개념을 사회적 이동을 확실하게 하는 수단으로 본다. 콜맨은 네트워크와 사회적 자본은 중립적이며 이론상 모든 사람들이 손에 넣을 수 있다고 보았다.

사회적 자본을 둘러싼 논쟁에 가담했던 많은 사회학자들 중 특히 프랑스의 사회학자 피에르 부르디외(Pierre Bourdieu)의 영향력이 높았는데, 그는 어떤 네트워크에 속하는 것은 참여하려는 개인이 희망한다고 되는 것이 아니라 그들의 '아비투스'(habitus)에 의한 것이라고 말한다. '아비투스'란 대충 번역하자면 사회적 지위쯤 될 것이다. 부르디외는 네트워크와 사회적 자본을 엘리트 계층의 자기 재생산에 필수적인 요소로 보았다. 그의 관점에서 제도로서의 교육은 사회적 이동 기회를 제공하지 않으며, 그럴 수도 없다.

헤크먼은 콜맨의 연구를 적극적으로 받아들였다. 그는 미국의 취학 전 아동 교육 계획을 통해 사회적 혜택을 누리지 못하는 아이들의 인지 수준이 향상되는 것은 아니지만, 오랫동안 실시되었던 하이스코프 유아교육과정(High Scope PreSchool Program)과 같은 고품질 교육과 대학 교육이 이어질 경우 상당한 경제적 이득이 있다는 데 동의했다. 연구 결과에 따르면, 이런 교육 계획에 1달러를 투자하면 나중에 들어가는 비용이 7달러 절감된다. 이런 1 대 7의 비율이 조기개입을 주장하는 사람들에게 상징적 지위를 차지하게 되었다. 사회적으로 혜택을 받지 못하는 아이들을 대상으로 일찍부터 오랫동안 지원을 하는 정책이 핵심이었다. 헤크먼은 조기의 예방적 개입이 나중에 잘못을 바로잡기 위한 교정적 개입보다 효율적이라고 주장한다. 헤크먼은 이러한 사회적 자본과 인적 자본 이론의 결합에 빠른 속도로 성장하는 신경과학을 덧붙여, 조기개입으로 시작하지만 결코 거기에서 멈추지 않는 교육정책이 사회 정의를 촉진하고 경제 생산성을 높일 것이라고 주장한다.[4]

그의 주장은 추상적으로는 훌륭하지만 전형적인 미국 사회정책의 현실을 간과하고 있다. 미국에서 고품질의 선구적인 교육 프로젝트가 여러 번 이루어졌고 국제적인 관심을 끌었지만, 전국은 고사하고 개별 주(州) 차원에서도 교육 수준이 평준화된 경우는 드물었다.

정신 자본이라는 개념에서, 미래예측 보고서는 경제학자들(헤크먼과 인적 자본 학파)의 이론에 의존하는 반면 콜맨과 부르디외 같은 사회학자들의 주장은 간과한다. 보고서는 개인의 정신 자본 획득에 몰두하며 자본 자체를 간과하고, 사회적 자본과 문화적 자본을 조금 인정하는 정도다.

주변에서 이러한 취약성을 보여 주는 예로는, 일부 젊은이들에게 주어지는, 미래에 보수가 좋은 양질의 일자리로 이어지는 무급 인턴직 특혜의 도덕성을 둘러싼 정치적 논쟁을 들 수 있다. 이런 특혜에는 부유한 부모, 부모의 직업에 따른 사회적 네트워크, 교우와 그 밖의 영향력 있는 연줄, 그리고 사립학교 교육을 통해 얻는 문화적 자본 등이 포함된다. 이런 요소들이 일부 청년들에게 인턴직 제공자들과 공유할 수 있는 자신감과 태도를 부여하며, 이 모든 요소들을 가지고 이들은 유망한 인턴직을 얻기 위해 면접실로 들어가는 것이다. 엘리트 계층이 스스로를 재생산하는 불공평한 메커니즘은 미래예측 보고서의 (그 뿌리가 경제학자의 합리적 선택 이론에 있는) 정신 자본보다는 사회학자들의 이론과 더 공통점이 많다.

헤크먼과 마찬가지로 보고서의 시선은 사회적으로 소외된 사람들을 향하고 있고, 어떻게 그들의 정신 자본을 증대시켜 국가에 부담을 주지 않고 경제 성장에 기여하게 할 것인지에 초점을 두고 있다. 이 자본은 주로 아이의 유년기에 축적되며, 평생 동안 인지적·감정적 복지를 누릴 수 있는 기반이 되는 든든한 (비물질적) 은행계좌를 제공한다. 미래예측 보고서의 관점에서, 유전자, 발달장애, 빈곤, 가난한 부모, 형편없는 주거환경, 열악한 교육 등은 아이가 다른 방식으로는 얻을 수 없는 (파악하기 어려운 행복보다 좀 더 적절한 버전인 복지를 포함해) 정신 자본을 제약한다. 보고서는 가난하고 불우한 사회적 배경, 학습장애나 그 밖의 장애를 가진 아이들을 대상으로 한 조기개입 프로그램을 해결책으로 내놓았다.

그들은 학대받고 소외당하는 아이들이 아동 시설로 보내지기를 기다리는 것보다 그것을 예방하는 것이 더 효과적이라고 주장한다. 옳은 말이다. 그러나 새로운 정책적 사고는 아니다. 1890년대에 브래드포드교육위원회(the Bradford School Board)의 선출직 위원인 마가렛 맥밀런(Margaret McMillan)은 공장 노동자들의 지저분하고 헐벗은 자녀들을 보고 큰 충격을 받아 이런 물음을 제기했다. 이 아이들을 어떻게 교육시킬 수 있을까? 그리고 그에 대한 대응으로 사회운동이 일어나 탁아소가 건립되고 공장 밖 휴가가 실시되었다.[5]

미래예측 보고서에서 앨런 보고서로

미래예측 보고서(Foresight Report)가 이룬 혁신 및 우리 책의 중심 관심사는 그 보고서가 난독증이나 계산장애(4장에서 다룬다.) 처럼 이미 인정되었고, 사회적으로 소외받는 모든 아동들에게 적절한, 특정 학습장애와 연관된 것만이 아니라 효율적인 조기개입 프로그램을 개발하는 데 신경과학의 중요성을 강조한다—그리고 우리는 그것이 지나친 강조였다는 것을 주장하려 한다—는 점이다. 미래예측 보고서의 선입관은 신경과학자들의 그것과 조금 다른데, 신경과학자들은 자신들의 통찰력이 보편적으로 적용 가능하다고 본다. 보고서는 정신 자본 획득에 생애 초기가 중요하다는 신경과학적 주장을 다음과 같이 요약한다.

1. 뇌의 메커니즘이 학습의 토대를 이룬다.
2. 대부분의 뇌 발달은 생후 몇 년 이내에 일어난다. 신생아의 뇌는 성인 뇌 무게의 25퍼센트에 불과하지만, 한 살이 되면 60퍼센트, 열 살에는 95퍼센트에 도달한다.
3. 방치, 빈곤, 학대는 스트레스를 주며, 인지와 감정 능력의 발달을 저해한다.
4. 위기 아동을 대상으로 한 효과적인 개입 전략은 그들의 건강한 신경발달을 촉진시킬 것이다.

여기에 이어 조기개입 프로그램은 다섯 번째로 신경과학자,

아동심리학자, 사회과학자, 교육학자의 협동을 요구한다.

이러한 신경열광주의는 정치적 사고에 영향을 미치기 시작했다. 미래예측 보고서가 발간된 같은 해인 2008년 노동당 하원의원 그레이엄 앨런(Graham Allen)과 토리당 하원의원 이아인 던컨 스미스(Iain Duncan Smith)는 신경과학을 기반으로 조기개입을 주장하는 합동 보고서 〈조기개입: 좋은 부모, 위대한 아이, 선진 시민〉(Early Intervention: Good Parents, Great Kids, Better Citizens)을 발간했다. [이 보고서는 비슷한 정책 문헌들 중 하나에 불과하다. 이 외에도 프랭크 필드(Frank Field) 하원의원이 위원장으로 작성한 보고서, 신경과학의 발견을 기반으로 양육의 중요성과 조기개입의 필요성을 주장한 사회복지 교수 에일린 먼로(Eileen Munro)의 보고서도 있다.]

2010년에 던컨 스미스가 노동 및 연금 담당 국무장관에 임명되었고, 앨런에게는 보고서 갱신 작업의 임무가 주어졌다. 능력이 출중했던 그는 2011년에 하나가 아니라 두 개의 보고서를 작성해 연달아 발간했다.[6] 두 보고서 모두 두 개의 뇌 MRI 영상을 표지에 실었는데, 하나는 정상적인 3세 아이의 뇌고 다른 하나는 "극도로 방치"라는 설명이 붙은 그보다 훨씬 작은 크기의 뇌 사진이다(이 사진에 대해서는 뒤에서 다시 다룰 예정이다). 앨런이 주장하는 핵심은 미래예측 보고서에서 인용한 신경과학적 근거, 즉 출생 후 3세까지 뇌 발달이 집중적으로 이루어져 아이의 인지적·사회적·감정

조기개입:
현명한 투자, 엄청난 비용 절감

영국 정부에 제출한 두 번째 보고서
그레이엄 앨런 하원의원

3세 아동

조세 납부자의 부담

정상

조기개입

극도의 방치

낮은 성취
수당
실패한 관계
열악한 양육
알코올과 마약 남용
10대 임신
폭력 범죄
조기 사망
허약한정신건강

앨런 보고서 표지

적 미래가 영구적으로 형성되는 시기이기 때문에 이 기간에 적절한 양육이 이루어지는 것이 중요하다는 주장을 지나치게 증폭시킨 것이다.

만약 잘못되면 뇌가 제대로 성장하지 못하고 온갖 종류의 부정적인 결과가 나타날 수 있으며, 이 기간 동안 제대로 양육이 이루어지면 엄청난 이득을 얻을 수 있다는 것이다. 이처럼 잠재적인 이익을 확보하기 위해 국가는 아이의 정신 자본과 그로 인한 경제 성장의 이점에 개입해야 한다. 두 번째 보고서의 표지는 MRI 사진 옆에 금괴 더미를 나란히 놓고 이러한 주장을 강조한다. 각각의 금괴에는 "낮은 성취, 연금, 실패한 관계, 열악한 양육, 알코올과 마약 남용, 10대 임신, 폭력 범죄와 조기 사망"이라는 이름표가 붙어 있다. 조기개입의 실패로 조세 납부자들이 엄청난 부담을 지게 된다는 뜻이다.

빈곤을 재정의한 정치적 의미

취임 직후 데이비드 캐머런(David Cameron) 수상은 데모스 싱크탱크(Demos think tank)에서 가진 연설에서 앨런과 던컨 스미스의 접근방식을 명시적으로 승인했고, 아동 빈곤보다 양육의 중요성을 더 강조했다.[7] 2015년 선거에서 보수당의 공약 선언문은 빈곤의 근본 원인이 저임금 경제가 아니라 "뿌리 깊은 실업과 가정 붕괴, 심각한 부채, 약물과 알코올 의존성" 때문이라고 밝혔다. 선거가 끝나자 더 이상 연정 파트너인 자유민주당의 훼방을 받지 않게 된 정부는 세금 혜택을 종결하고 2020년까지 최저임금을 시간당 고작 9파운드로 올리겠다고 발표했다. 아울러 정부는 2010 아동빈곤법(Child Poverty Act)을 스스로 취소했다.

2020년까지 정부가 아동 빈곤을 종식시키도록 못 박은 이 법안은 당시 모든 정당의 지지를 받았다. 그러나 새로운 정부로서는 이 목표가 '지속 불가능한' 것이었고, 그래서 골칫거리를 피하기 위해 아동 빈곤의 공식적인 정의를 바꾸었다. 지금까지 OECD의 모든 회원국들과 마찬가지로 영국은 소득이 평균의 60퍼센트 이하인 가정의 아동을 상대적 빈곤 아동으로 정의했다. 그런데 이제 사정이 달라져 빈곤은 상대적 수입이 아니라 교육적 성취, 실업, 그리고 약물 중독의 관점에서 정의된다. 신경과학의 혁신을 제거하면, 이러한 요소들의 조합은 마가렛 대처(Margaret Thatcher) 수상 시절 교육부 장관을 지낸 케이스 조셉 경(Sir Keith Joseph)이 주장한 '박탈의 순환'(cycle of deprivation) 개념과 무척 닮았으며, 심지어 훨씬 오래전인 19세기 사회정책이었던 빈민들에 대한 풍속 경찰 제도까지 거슬러 올라간다. 당선 후 캐머런이 아이들을 학교에 보내지 않거나 능력 여부와 상관없이 의무교육 미취학에 따른 벌금을 내지 않는 가정에 육아수당을 주지 않겠다고 한 선언도 같은 맥락이다.

'조기개입'(Early Intervention)—앨런은 자신이 이 용어를 특별하게 여긴다는 것을 분명히 하기 위해 대문자를 사용했다*—은 이렇게 바뀐 빈곤 개념과 잘 들어맞는다. (우리는 앨런/던컨 프로젝트를 언급할 때에는 이러한 대문자 표기를 따르지만, 신경과학을 언급하든 그렇지 않든 간에 오랫동안 사회정책의 한 요소였던 많은 개입주의 프로젝트들에 대해서는 이런 표기법을 적용하지 않을 것이다.) 여기에는 인지와 정서 발달을 높이는 방법으로 특수하게 훈련받은 사회복지사, 교사, 의사와 간호사 들의 역할이 필요하다.

두 번째 보고서에서 앨런의 도취감은 한층 커졌다. 보고서는 앞으로 공공 부문 재정이 크게 절감되고, 교도소가 줄어들고, 궁극적으로 (캐머런-오스본 정부의 일차 관심사인) 구조적 결핍이 해소되리라고 전망했다. 그리고 민영화(民營化)와 작은국가에 몰두하고 있는 정부에 확실한 호소력을 주기 위해 앨런은 그의 '조기개입' 프로그램이 자발적 영역이나 민간 공급자와 맺는 성과기반 계약에서 지원을 받을 것이라고 제안했다. 민영화

* 이 책에서는 이후 작은따옴표로 구분해 표시했다.

와 성과에 따른 보수는 미국의 헤드스타트나 그에 상응하는 영국의 슈어스타트(SureStart) 프로그램과는 동떨어진 시장화된 모델들이다. 미국의 회계감사 기관인 프라이스워터하우스쿠퍼스(PriceWaterhouseCoopers)를 비롯해 영국의 부동산 투자 회사 포트랜드캐피탈(Portland Capital)과 미국계 다국적 투자 기업 골드만삭스(Goldman Sachs), 그리고 영국 경찰청까지 그의 보고서를 칭찬한 것은 그리 놀랍지 않다. 앨런의 두 보고서는 각기 조기개입재단(Early Intervention Foundation)의 설립을 제안하며 끝맺고 있다. 실제로 2013년에 이 재단은 독립 자선 기관으로 인가되었고, 그가 이사장을 맡았다.

앨런의 '조기개입' 프로젝트에서 시장이 지속 가능한 역할을 할 것이라는 그의 신념은 증거보다는 희망에 근거하는 것처럼 보인다. 2006년에 (그의 주장에 가장 가까운) 사설 육아원 공급을 장려하는 법안이 통과되었지만 성과는 그리 신통치 않았다. 불과 3년 후 교육표준청(The office for Standards in Education, Children's Services and Skills, Ofste)은 사설 육아원이 확산되기는커녕 1만 1천 개의 탁아소가 문을 닫았고, 전체 탁아소의 58퍼센트가 여전히 지방 정부에 의해 운영되고 있다고 보고했다.[8] 감사원은 사설 육아원의 절반이 적자를 보았고, 흑자를 낸 곳은 6퍼센트에 불과하다는 사실을 밝혔다.[9] 2015년 9월, 영국 조기아동교육협회는 사회복지 예산을 대폭 삭감한 총리의 정책으로 지방 정부의 2014-2015년 어린이센터 지원 예산이 2010-2011년에 비해 35퍼센트나 줄었다고 지적했다.[10] 그로 인해 지방 정부는 어린이센터('조기개입' 제안이 지원 대상으로 삼은, 문제를 가진 아이들과 그 부모들을 지원하는 곳이다.)를 지원할 것인지 아니면 장애자나 노인과 같은 취약계층에 대한 서비스를 지원할 것인지 선택해야 했다. 투자자들이, 수익이 거의 없거나 전혀 없음에도 불구하고 도움을 필요로 하는 사람들에게 포괄적으로 자금 지원을 하지 않는 한, 앨런의 제안은 그림의 떡이다.

보고서와 그들의 신경과학

앨런은 출생 후 첫 3년은 "사람의 뇌 성장에서 무엇보다 중요한 시기이며…아기의 뇌 속 시냅스가 출생 시 10조 개에서 3세에 200조 개로 20배나 늘어나는 기간"이라고 본다. 이 시기에 아기는 어머니에게 애착을 형성하며, 이 시기에 안전한 환경을 제공하는 것은 인지와 정서를 충분히 발달하게 하는 토대가 된다.

앨런 보고서에 이어 조기개입을 위한 후속 제안이 나왔다. 웨

이브재단(Wave Trust, 오로지 폭력의 근원을 파헤치고자 하는 목적으로 설립된 재단)과 국립 아동학대방지협회의 후원을 받았고, 정부의 의료 총 책임자인 샐리 데이비스(Sally Davies)의 서문이 실렸고, 토리당의 안드레아 리드섬(Andrea Leadsom)에서 녹색당의 캐롤라인 루카스(Caroline Lucas) 하원의원에 이르는 정당연합의원 단체의 승인을 받은 〈결정적인 1001일〉(1001 Critical Days)이 그것이다.[11] 〈결정적인 1001일〉은 앨런의 시간 틀을 수태의 순간까지 되돌렸다. 수태 당시 여성의 영양 상태가 태어날 아기의 건강과 복지에 엄청난 예비 가치를 가진다는 것이다.

그러나 정부가 국가의 영양 복리를 향상시키는 데 자원을 할애하려면 국가가 정치 공약을 하거나, 또는 국민국가의 전쟁과 같은 불가항력적 위기 상황이 아니면 어렵다. 제2차 세계대전 당시 심각한 식량 부족에 직면한 영국은 국민들의 필요 영양소에 근거해 식량 배급 계획을 수립했다. 임산부와 아이, 그리고 힘든 육체노동을 하는 사람들에게 우선적으로 배급이 이루어졌다. 그 결과 폭격에도 불구하고 유아 사망률이 감소했고, 노동계급 아동들의 키가 커졌고, 민간인들의 기대수명이 늘어났다. 그러나 은행 파산 사태로 경제 위기가 빚어져 식량 불안정 상황이 벌어졌을 때에는 그와 비슷한 정치적 대응이 없었다. 네 명 중 한 명꼴인 170만 명의 아동들이 심각한 빈곤에 처했다. 정확한 통계를 낼 수는 없지만, 영국 최대의 무료 급식 기구 트러셀트러스트(Trussell Trust)는 2015년에 100만 명의 영국인들이 무료 급식소에 의존하게 될 것이라고 추정했다.

〈결정적인 1001일〉은 이런 구절로 시작된다. 뇌의 빠른 성장 속도에서 경이로운 진전이 이루어지기 전에, "수태에서 두 살까지의 기간이 왜 그렇게 중요한가?" "1001일이 되면 아이의 뇌는 성인 뇌 무게의 80퍼센트에 도달한다. …**탄생에서 18개월까지, 뇌의 연결이 초당 100만 개의 속도로 생성된다!**" 앨런 보고서보다 한 술 더 떠서, '1001일 선언'(1001 Days Manifesto)은 이 기간이 애착, 즉 "아기와 돌보는 사람(들) 사이의 유대 관계가 형성되는" 시기라고 강조한다. 신경과학 연구보다는 사회복지 개념을 기반으로, 그들은 아기의 사회적·정서적 발달이 그들의 일차적인 보호자에 대한 애착의 질에 달렸다고 강조한다. 나아가 태아나 아기가 해로운 스트레스[그리고 생화학적 대리물인 호르몬 코티솔(cortisol)]에 노출될 경우, 스트레스에 대한 아기의 대응이 나중의 삶을 왜곡시킬 수 있다고 말한다. 이런 스트레스는 어머니가 "우울증이나 불안…불화…가까운 사람과의 사별" 등을 겪었을 때 발생한다.

이 주장의 함의는 명백하다. '1001일 선언'이 상세히 설명하듯이, "뇌가 성장의 절정기에 최적의 발달을 이루고 영양 공급을 받는다는 사실을 확실히 아는 것이 매우 중요하며, 아기들이 삶에서 최고의 출발을 이루게 하는 것이다." 어머니나 돌봄 제공자가 결정적인 시기에 이러한 도움을 줄 수 없거나 주지 않는다면, 그 부정적 영향은 거의 돌이킬 수 없다는 것이다.

따라서 신경과학에 호소하는 모든 요소가 이러한 주장에 빠짐없이 들어 있는 셈이다. 결정적 시기, 뇌의 성장, 시냅스 수, 스트레스, 코티솔 수치, 그리고 거기에 더해 아기와 일차적 돌봄 제공자 사이의 관계에 초점을 맞추는 애착 이론 등이 그 요소들이다. 이 요소들은 분명 호소력을 가진다. 문제는 신경과학이 실제로 그런 주장을 뒷받침하는지 여부다.

정상과 방치 MRI 영상의 기원

먼저 앨런 보고서 표지에 수록되어 널리 회자된 '정상'의 3세 아이와 "극도의 방치"를 겪은 아이를 비교하는 극적인 MRI 영상에 대해 살펴보자. 이 보고서는 이 영상의 출처를 텍사스 주 휴스턴에 있는 아동트라우마아카데미(the Child Trauma Academy)의 브루스 페리(Bruce Perry)의 논문으로 밝히고 있다. 이 논문은 단명한 학술지, 〈브레인 앤드 마인드〉(*Brain and Mind*)에 실렸다.[12] 이 학술지에서 문제의 영상의 출전을 찾았더니 페리가 1997년의 미국 신경과학회에서 포스터로 발표했던 내용임을 알 수 있었다(그래서 출전을 밝히지 않았다).[13]

〈브레인 앤드 마인드〉의 논문은 페리의 아카데미 클리닉에서 진찰한 122명의 방치된 아이들에 대해 기술하고 있다. 그는 이 아이들을 "총체적 방치(상대적인 지각 상실이나 사회적 관계 결여)", 혼돈적 방치, 혼돈적 방치와 약물 노출, 총체적 방치와 약물 노출의 네 그룹으로 분류했다. 122명 중 43명이 MRI 뇌 영상을 촬영했다. 이 중에서 26명은 "혼돈적 방치와 약물 노출 또는 약물 노출 없는 혼돈적 방치"를 겪었고, 3명은 이상증세를 나타내는 것으로 보고되었다. 총체적 방치를 겪은 것으로 분류된 17명 중 11명이 비정상적인 뇌 영상을 나타낸다고 보고되었다. 이 아이들과 그들의 뇌 영상에 대해 더 이상의 정보는 없으며, 연령이나 성별에 따른 일반적인 범주화도 누락되었다. 앨런이 사용한 영상들은 오직 페리의 논문에만 실렸고, 예를 들어 1990년대에 차우체스쿠(Nicolae Ceaucescu) 정권이 무너진 후 루마니아 고아원에서 구조된 극도로 피폐해진 아이들의 뇌 영상보다[14] 훨씬 극적인 차이를 보여 주고 있기 때문에 그 출전의 신빙성에 의문이 제기된다.

그래서 우리는 페리 박사에게 정보를 요청했다. 그는 자신들이 "초기 관찰 결과"를 발표하지 않았으며, "여러 가지 요인으로 인해 '심각한 방치가 뇌 발달을 저해했다'는 것 외의 다른 결론을 내릴 수 없었다고 답했다. 학대와 방치의 성격, 시점, 양상 등의 엄청난 변이성에 따라 이질적인 표본으로 이어지기 때문에…그들은 생물 표지나 뇌 영상 데이터를 더 잘 해석할" 수 있는 방법을 개발할 필요가 있었다.[15] 앨런 보고서와 거리를 두기 위해 그는 이 아인 던컨 스미스가 그의 연구를 아동 방치로 '왜곡시켰다'고 주장했다.[16]

심하게 방치된 아이들의 뇌 영상을 실은 앨런 보고서는 공중 보건 공무원들에게 널리 유포되었고 많은 사람들을 경악시켰지만, 또 다른 사람들은 의구심을 품었다. 페리의 영향력과 그의 뇌 MRI 영상은 솔리헐어프로치(Solihull Approach)와 같은 영국의 민간 훈련 프로그램에 포함되어 있다. 이 프로그램은 사회복지사, 방문 간호사, 간호사와 부모 등을 위해 조기개입에 기반한 훈련 과정을 제공한다. '정상' 뇌와 "극도의 방치"를 겪은 뇌의 MRI 영상은 카밀라 뱃맨겔리지(Camila Batmanghelidjh)의 지금은 사라진 유소년 자선 단체, 키즈컴퍼니(Kids Company)의 광고에도 등장한다. 키즈컴퍼니는 2015년에 갑자기 폐쇄되었는데, 그 이유는 4600만 파운드에 달하는 공공자금을 잘못 관리했기 때문으로 추정된다. 그 자금의 일부는 역대 수상들이 공무원들을 위압해 직접 이곳에 할당한 것이었다. 십대 흑인들과 페리의 뇌 영상이 등장하는 키즈컴퍼니의 광고는 2009년에 광고기준위원회에 의해 금지되었다. 담당 위원은 아무 근거가 없음에도 뇌 크기가 정서적 방치 및 폭력적 행동과 연관된다는 함축과 인종주의 때문이라고 금지의 이유를 밝혔다.[17]

신경과학, 발달과 조기개입

앨런과 〈결정적인 1001일〉이 근거로 삼는 신경과학은 과연 어떤 것인가? 그들의 주장을 좀 더 상세히 살펴보기 전에, 우리는 신경심리학자들이 유아 발달의 정상 패턴을 어떻게 보고 있는지 개괄할 필요가 있다. 물론 주의를 기울일 필요가 있지만 말이다. 이러한 생물학적 내러티브에서 유년(childhood)과 청소년(adolescence)은 보편적인 생물학적 실체이며, 계급·젠더·인종·지역과 독립된 범주다. 그러나 사회적·역사적 측면을 연구하는 사람들에게는 문제가 좀 더 복잡해진다. 역사가들은 유년기의 역사를 탐구해 왔다. 언제 어디에서 그 개념이 처음 사용되었는지, 가령 성인용 옷의 작은 크기가 아니라 아이들이 자신들을 위해 디자인된 옷을 처음 입은 것이 언제인가처럼, 구체적인 사회적 실행이 언제 시작되었는지 등을 탐구했다. 그리고 언제 그들이 처음 잠재적인 새로운 시장으로 여겨졌는가?

십대(teenager)라는 개념은 1900년까지는 존재하지 않았다. 미국에서 양 대전 사이에 임시로 사용되었고, 1940년대에 미국에서 특유의 복식과 습관이 인정을 받았으며, 1950년대에 영국이 뒤를 이었다. 의무교육 종료 연령이 늦춰지는 추세가 널리 인정된 것이 주된 원인이었다. 좀 더 보수적인 프랑스어에는 십대라는 단어가 없으며, 청소년과 젊은이(*les jeunes*)라는 말로 충분하다. 서구 문화에서 최근 등장한 '십대 초반'(pre-teens) 개념처럼 서구 문화에서 새로운 정체성이 급증하는 점을 고려하면, 역사가들의 연구가 신경생물학자들의 실증적 확실성을 침식하고 있는 셈이다. 다음 장에서 살펴볼 '십대의 수면'(teen sleep)과 같은 현상이 그런 예에 해당한다.

발생생물학은 신생아가 어떻게 모체의 자궁이라는 상대적으로 평온하고 질서 잡힌 환경에서 환경적·사회적 자극, 소리, 냄새, 그리고 혼돈스러운 시각적 인상이 풍부한 세계 속으로 태어나는지 서술한다. 신생아는 자궁과 크게 다른 물리적 환경과 맞닥뜨려야 할 뿐 아니라 복잡한 사회 세계와 협상해야 한다. 운동(손을 뻗고 잡기)과 인지적 기술 이외에, 아기는 사회적 기술도 습득해야 한다. 신경과학자들은 "사회적 뇌"의 출현, 즉 출생 후 첫

10년 동안 뇌가 성숙해지고 뇌의 서로 다른 영역들이 가동하게 된다고 이야기한다(얼마간 희망적이기는 하지만 그들의 연구방법은 여전히 초기 단계에 머물고 있다).

심지어 출생 당시에도 아기들은 자신을 둘러싼 환경에서 무엇이 가장 중요한지 가려내고, 학습하고, 반응하고, 그에 따라 행동할 준비를 한다. 이것을 연구하는 가장 쉬운 방법은 아기의 시선을 관찰하는 것이다. 선택이 주어지면, 신생아는 무질서한 점들의 배열보다는 얼굴을 보는 쪽을 선호할 것이다. 그리고 몇 주 내에 아기들은 낯선 사람보다는 엄마나 일차적인 돌봄 제공자의 얼굴에 선택적으로 반응할 것이다. 정교한 실험 기법으로 이러한 반응에 관여하는 뇌의 과정과 영역을 비개입적 방식으로(non-interventively) 식별할 수 있다. 아기들에게 센서가 박혀 있는 '머리그물'(hairnet)을 씌우면, 아기의 행동이나 기분에 간섭하지 않으면서 시선이나 주의의 변화에 따른 뇌의 전기적 활동의 미세한 변화를 잡아 낼 수 있다. 머리그물 기술 덕분에 발달신경심리학자들이 아기의 행동과 뇌의 움직임을 연관시킬 수 있게 되었다. 전형적인 실험은 아기와 엄마가 서로를 마주보고 있을 때와 엄마가 옆으로 돌아섰을 때의 전기 신호를 비교하는 것이다. 이런 일이 일어나면, 아기는 슬픔을 나타낼 수 있고, 이런 변화가 전기 신호에 투영될 것이다. 이 연구는 생후 두 달 된 아기의 뇌에서 어머니의 얼굴에 의해 활성화된 오른쪽 반구의 영역[하측두이랑(inferior temporal gyrus)]이 성인 뇌의 '얼굴 인식 영역'(face region)과 일치한다는 것을 보여 주었다. 애착 이론가들은 이 발견에 크게 의존한다.

7개월이 되면 유아는 행복한 얼굴과 (무서워하는 것과 화내는 것은 불가능하지만) 무서운 표정과 말을 구별할 수 있다. 다시 말해 이 시기가 되면 감정을 인식할 수 있고, 8개월에는 가까운 사물을 보기 위해 얼굴을 돌리는 것과 같은, 다른 사람의 행동을 추적할 수 있다. 이런 활동에 관여하는 뇌의 과정은 아기의 '사회적 뇌'의 발달로 간주될 수 있으며, 머리그물을 통해 관찰할 수 있다. 그렇다면 실험실 관찰과 '조기개입주의자들'의 가정은 어떻게 합치하는가? 그들이 주장하듯이, 신생아의 뇌는 성장의 여지가 크며, 이러한 출생 후 성장은 뇌가 발달 순서에 따라 스스로 배선을 해 나가면서 시냅스 연결이 성장하고, 뇌의 여러 영역이 '가동'하며 각기 다른 속도로 성장한다는 것을 나타낸다.

'조기개입'의 가정은 다음과 같다. ①시냅스는 많을수록 좋다. ②이 중요한 시기의 열악한 환경은 시냅스의 수를 영구적으로 축소시키며, 뇌는 제대로 배선을 하지 못한다. ③뇌 발달에 결정적인 (또는 민감한) 기간이 있다. 특히 중요한 가정으로, ④돌봄 제공자(어머니)와 아기 사이에 애착에 기반한 적절한 유대가 형성되기 위해, ⑤조기에 받는 해로운 스트레스는 이후 발달에 지속적인 영향을 미친다.

처음 두 가지 가정은 신경과학의 근거로 뒷받침된다. 세 번째와 네 번째, 그리고 다섯 번째는 아이의 발생 중인 뇌와 사회적·환경적 맥락 사이의 매우 복잡한 관계를 지나치게 단순화시킨다. '조기개입' 주장이 가지는 신경중심주의는 미래예측 보고서의 권고 사항인 신경과학자, 아동심리학자, 사회과학자, 교육학자의 협력 필요성을 고려하지 않는다. 이제 그들의 주장과 과학적 사실을 살펴보자.

1. 시냅스, 과연 많을수록 좋을까?

페리의 이론에 크게 의존하는 한 조기개입주의 훈련 프로그램에 따르면, "해로운 환경에서 아이는 가능한 수보다 25퍼센트 적은 시냅스를 생성하는 반면, 고무적 환경에서는 25퍼센트 더 많은 시냅스를 가지게 된다."[18] 뇌의 초기 발생 과정의 한 가지 특징은 뉴런과 시냅스의 엄청난 생산 과잉이다. 수많은 정자 중 하나가 확실하게 난자에 도달해 수정하기 위해 무수히 많은 정자가 필요하듯, 뉴런도 그중 일부가 살아남아 제대로 배선을 할 수 있도록 엄청난 수가 만들어진다. 그후 세포 자멸(自滅)이라 불리는 과정—프로그램된 세포의 죽음—이 잉여 뉴런을 제거한다. 따라서 시냅스의 경우에도 초기 발생 과정에서 증식된 시냅스는 점차 제거되고, 성인이 되면 일부 두뇌 영역에서는 3세에 존재했던 시냅스 수의 절반 이하만 남게 된다. (이러한 해부학적 측정은 사후에만 가능하다. 따라서 살아 있는 사람의 뇌 세포나 시냅스 수를 계산할 방법은 없다.) 신경과학자들은 '잉여 시냅스 솎아내기'가 사용하지 않는 연결을 제거하고 동시에 남은 시냅스의 효율성을 향상시키는 역할을 한다고 믿는다.

시냅스 수에 대한 주장의 또 다른 문제점은 일단 시냅스가 만들어지면 계속 그 자리에 머물러 있다는 가정이다. 그러나 실험동물의 뇌를 저속촬영으로 연구해 보면 시냅스가 고도로 역동적이며 끊임없이 변화하고 생애 기간 동안 사라지고 다시 형성되는 과정을 거친다는 것을 알 수 있다. ("쓰지 않으면 잃는다"는 슬로건은 틀리지 않은 말이다.) 실제로 이러한 개조 능력—가소성—이 사람이 경험을 통해 학습하고, 자신이 어떻게 대응했는지 기억하고 변화할 수 있게 해 주는 신경 메커니즘이다. 모든 생각이나 행동은 뇌에 그 흔적을 남긴다. 따라서 시냅스 수가 중요하다는 주장은 잘못이다.

2. 풍부한 자극을 주는 환경과 자극이 없는 환경

사람은 아기가 미성숙한 상태에서 태어나고 대부분 성장이 출생 후에 이루어진다는 점에서(뇌의 크기가 생후 1년 동안 늘어나는 것은 뉴런 사이의 연결이 늘어나기 때문이다.) 우리와 가장 가까운 진화적 친척들 중에서도 유별나다. 그러나 태아의 출생 전 환경이 중요하다. 대부분의 뉴런은, 중요한 신경경로 및 연결과 함께 출생하기 훨씬 전인 태아가 자궁 속에 있을 때 자리를 잡는다. 모체의 건강이 뉴런과 신경 연결의 정상적인 발달에 영향을 준다. 특히 임신기의 스트레스나 영양 부족, 그리고 더욱 심각한 기아는 아이의 지적·육체적 발달에 장기적인 영향을 미친다. 제2차 세계대전 동안 로테르담과 레닌그라드의 기근에서 살아남은 사람들은 이런 영향을 잘 보여 주었다.[19] 로테르담 생존자의 후손에 대한 후속 연구를 통해 이러한 부정적 영향의 일부가 다음 세대까지 이어진다는 것이 밝혀졌다. (이 발견은 많은 유전학자들을 놀라게 했다. 이 설명 중 일부가 후성적인 과정, 즉 유전자가 발생과정에서 지속적으로 변화될 수 있다는 사실이 밝혀졌기 때문이다.)

그렇다면 시냅스 수와 뇌의 구조는 환경적 경험으로 출생 후에 바뀔 수 있는가? 동물 연구를 통한 증거로는 분명 가능하다. '조기개입' 문헌은 1950년대로 거슬러 올라가는, 쥐의 뇌 발달

과정에 결핍이 미치는 영향에 대한 초기 실험들을 늘 거론한다. 이른바 '결핍'(impoverished) 환경, 즉 아무것도 없는 우리에서 고립된 채 자란 쥐는 한배에서 났지만 '자극이 풍부한'(enriched) 환경—더 큰 우리에서 같이 놀 다른 쥐들 및 장난감과 함께—에서 자란 쥐보다 뇌 피질이 얇고 시냅스 수가 더 적었다는 것이다. 이런 결과를 사람에게 외삽시키는 문제점은, 대부분의 성장하는 아이들이 경험하는 복잡한 물리적 및 사회적 환경은 차치하고, '자극이 풍부한' 환경에서 자란 쥐라도 야생 쥐들이 잘 번식하는 분주하고 냄새가 심한 세계와 비교하면 결핍된 상태라는 것이다.

'조기개입' 문헌에서 비교적 덜 언급되는 사실은 성체가 된 후에도 결핍된 환경에서 자란 쥐가 나중에 자극이 풍부한 환경으로 옮겨지면 상당 정도 회복된다는 것이다. 이런 사실이 사람에게도 해당될까? 서로 다른 유럽 나라 가정으로 입양된 루마니아 고아들에 대한 추적 연구는 대부분의 아이들이 뇌 성장과 행동적 결과에서 모두 정상 궤적에 근접하는 수준으로 회복될 수 있음을 보여 주었다.[20] 초기에 뇌와 신체 발달을 느리게 하는 영양실조를 겪었어도 아이들은 복구될 수 있다. 바람직한 조건이 주어지면 빠른 성장으로 상당한 만회가 가능하다는 것이다.

그러나 이것은 낙관적인 설명이다. 이 연구 결과는 사회경제적 지위에 따른 아동의 뇌 발달을 선구적으로 연구한 미국의 사회과학자와 신경과학자의 공동 연구 결과와 반드시 비교될 필요가 있다. 이 연구는 2015년에 발간되었는데, 연구팀은 3세에서 20세 사이의 1099명의 '전형적인 발달' 사례를 연구했고, 뇌의 표면적이 가족의 수입과 상관관계가 있다는 사실을 발견했다. 가난한 가족에서는 수입의 작은 증가가 뇌 표면적—특히 언어와 읽기 능력과 연관된 뇌 영역—의 큰 증가로 이어졌다. 부유한 가족에서는 수입이 늘어나도 거의 차이가 없었다.

이 발견의 함의는 정신 자본을 증가시키는 가장 간단하고 효율적인 조기개입이 아이들을 빈곤에서 구해 내는 것이라는 점이다. 보수당이 선거에서 승리한 후, 처음에는 연립내각 형태로 영국의 정책에서 일어난 일들은 그와는 정반대였다. 더 많은 아이들이 (자원에 대한 접근의 측면에서) 빈곤으로 내몰렸고, 정부는 2020년까지 모든 아동 빈곤을 퇴치하겠다는 약속을 공식적으로 포기했다.

3. 민감한 시기

이 분야의 초기로 되돌아가면, 신경과학자들은 1930년대 콘래드 로렌츠(Konrad Lorenz)의 연구를 기반으로 삼았다. 로렌츠는 새끼 거위의 각인 현상을 연구해 뇌 발달에 결정적인 시기가 있으며, 이 결정적 시간대에 적절한 자극이 주어지지 않으면 나중에 손상이 교정될 수 없다고 주장했다.

그러나 오늘날 신경과학자들은 지나치게 절대적이고 결정론적이라는 이유로 '결정적'(critical)이라는 말을 받아들이지 않으며, 좀 더 유연하게 '민감한'(sensitive) 시기라고 말한다. 사람의 경우 이처럼 민감한 시기의 사례가 1960년대에 나왔는데, 두 눈이 서로 다른 방향을 응시하는 사시(斜視)에 대한 연구였다. 영국에서는 5퍼센트의 아기가 사시를 가지고 태어난다. 대개 출생 후 몇 달이 지나면 스스로 교정되지만, 그렇지 않은 경우 영구적으로 굳어질 수 있다. 치료 방법은 정상적인 눈에 하루 몇 시간씩 안대를 해서 아이가 (스스로 안대를 벗지 않는다는 전제 하에) 사시가 있는 눈을 사용하게 하는 것이다. 그러나 7세 이상의 아이들에게는 이런 치료법이 효과가 없을 수 있다. 신경경로가 이미 고정되었기 때문이다. 마찬가지로 음소(音素)를 구분하는 학습에도 민감한 시기가 있는 것 같다. 일본어만 듣고 자란 성인의 경우, 영어의 'l'과 'r' 음(音)을 구분할 수 없다는 것은 잘 알려져 있다. 일본어 체계에는 그런 음이 없기 때문이다. 그러나 생후 6개월 정도의 기간을 유럽 언어 환경에서 자란 일본 아이는 이런 어려움을 겪지 않는다.

이러한 발달 순서에는 상호작용하는 두 가지 뇌의 특성이 관여한다. 그것은 특이성(specificity)과 가소성(plasticity)이다. 특이성은 정상적인 발달 과정에서 정확한 경로가 배선되도록 보장해, 서로 다른 뇌 영역이 제대로 연결되어 빠른 성장기 동안에도 연결을 지속시킨다. 눈과 뇌의 연결이 그 좋은 예다. 시신경은 망막에서 외측슬상체를 거쳐 뇌 뒤쪽에 있는 시각피질로 연결된다. 발생과정에서 눈과 외측슬상체, 대뇌피질은 모두 성장하지만 그 속도는 저마다 다르다. 따라서 이들 사이의 시냅스 연결이 계속 끊어지고 다시 연결되지만 시각이 손상되거나 끊기는 일은 없다는 뜻이다. 이런 순서는 자라나는 아이의 경험이나 환경에 비교적 영향을 받지 않는다. 그러나 여기에서 핵심어는 '비교적'이다. 사시 치료를 그 예로 들 수 있다. 이 대목에서 가소성이 역할을 하며, 경험이 연결을 미세 조정한다. 따라서 초기에 일반적으로 얼굴에 대한 감수성이 나타나는 시기가 지나면, 아기들은 일차적인 돌봄 제공자와 다른 사람을 구분하는 법을 배운다.

'가소성'이라는 말에는 여러 가지 의미가 있다. 앞 절에서는 필수적인 발달 과정의 하나라는 뜻으로 사용되었다. 그러나 학습에 수반되는 시냅스의 섬세한 개조, 앞에서 이야기했던 연결의 형성과 단절 이외에도 뇌가 손상을 입은 후 스스로 복구하는 (제한된) 능력을 가리키기도 한다. 조기개입론자들은 뇌의 작동방식에 대한 새로운 발견을 기술하듯 이 용어를 자주 사용하면서 이러한 개입의 가능성을 뒷받침하는 수사적 장치로 활용했다. 그러나 신경과학자들이 이해하는 가소성은 무제한적이지 않으며 뇌를 개조하는 능력 면에서 반드시 긍정적이지도 않다. 오히려 가소성은 모든 생물체가 생애 전 과정에서 환경과 상호작용하는 풍부하고 다양한 역동적 과정의 일부다.

4. 스트레스와 코티솔

스트레스를 정의하기는 매우 어렵다. 살아가면서 일상적으로 겪는 도전에 효율적으로 대응하기 위해 약간의 스트레스는 필요하다. 그러나 너무 많거나 오래 지속되면 일부 사람들은 아무것도 할 수 없게 된다. 스트레스에 대한 개인 반응은 천차만별이다. 누군가에게 도움이 되고 적절한 수준인 스트레스가 다른 사람에게는 심신을 쇠약하게 할 수 있다. 1950년대 이래 설치류와 원숭이를 대상으로 한 실험에서, 어미의 보호를 받지 못하는 경우를 포함해 어린 시절의 극심한 스트레스는 지속적인 생리학적·생화학적 영향을 미치며, 만년에 질병에 대한 취약성과 회복력에 영향을 준다는 사실이 알려졌다. 이런 극단적인 실험 결과가 결정론처럼 보이는 이러한 주장을 뛰어넘는 가소성이라는 특별한 능력을 가진 사람에게 어느 정도 적용될 수 있을지는 불확실하다.

조기개입 프로젝트의 난점은, 아이들의 복지에 대해 표명된 우려에도 불구하고 생물학적 정당성을 얻기 위해 신경과학에 수사적으로 호소한다는 점에 있다. 따라서 앨런의 보고서와 1001일 보고서, 그리고 그와 연관된 프로그램들의 핵심 요소는 스트레스와 호르몬, 즉 신장 바로 위에 있는 부신피질에서 분비하는 코티솔을 연결 짓는 것이다.

코티솔은 혈당과 염분, 수분 균형 조절에서 학습과 기억에 이르기까지 신체 전반에서 여러 역할을 담당한다. 코티솔의 혈중 수치는 하루 중에도 변화해서 아침에 가장 높고 밤에 가장 낮으며, 유년기에서 노년기에 이르는 생애주기에도 변화한다. 게다가 그 수준이 매우 불안정하다. 갑작스런 도전에 대응하거나 만성적 불안이나 목숨에 위협을 받는 경우까지, 모든 스트레스는 최소한 일시적으로 코티솔의 수준을 증가시킨다. 이러한 일일 편차 때문에 호르몬의 혈중 수치만 측정하는 것은 도움이 되지 않는다. 코티솔이 모발에 축적된다는 사실이 발견된 이후에야 한 달에 1센티미터 정도 자라는 머리카락 1센티미터당 코티솔 함유량을 그 사람의 월간 스트레스 수준의 지표로 보게 되었다.

따라서 일부 조기개입 프로토콜은 만성 스트레스 지표를 얻어 '유독한 스트레스'(toxic stress)의 생물 표지를 제공하기 위해 아기의 모발 표본을 정기적으로 조사할 것을 제안하고 있다. 그러나 코티솔의 개인차—오전 나절에 측정한 '기준선'이 사람에 따라 그리고 집단에 따라 5배나 차이가 날 수 있다—가 크기 때문에 모발의 코티솔 수준과 스트레스 수준의 직접적인 상관관계를 이야기하기는 어렵다. 스마트폰과 컴퓨터와 같은 전자장치에서 나오는 청색광에 특히 밤늦게 노출될 경우, 다음날 코티솔 수준이나 지적 기능에 영향을 미친다. 일부는 자발적인 노출이지만 다른 경우는 직업상 건강 위험을 야기할 수 있다. 많이 노출될 경우 쿠싱증후군(Cushing's syndrome)과 같은 내분비질환을 유발하며, 아주 낮은 수준은 그 밖의 질병과 연관될 수 있다.

(앨런과 던컨 스미스만이 아니라) 조기개입론자들은 일반적으로 이러한 복잡성을 무시하는 경향이 있다. 그들은 개인차를 도외시하고, 높은 코티솔 수준이 아이가 바람직하지 않은 환경에 노출되어 '유독한' 스트레스를 받고 있음을 나타낸다고 주장한다. 이런 프로그램들의 필독 목록에 들어 있는 유명한 책인 수 게하르트(Sue Gerhardt)의 《왜 사랑이 중요한가》(*Why Love Matters*)는 높은 수준의 코티솔을 "정신을 좀먹는 코티솔"이라고 지칭하기까지 한다.[22] 코티솔 수준을 측정해 스트레스 지수로 삼는 것은,

어디에서 잃어버렸는지 모르는 열쇠를 다른 곳은 어두워서 보이지 않으니 가로등 불빛 아래에서 찾는 행위와 다를 바 없다.

5. 애착

애착 이론은 1950년대 정신의학자이자 정신분석가인 존 볼비(John Bowlby)가 아이의 건강한 정신 발달을 위해 어머니와 아기의 강한 애착에 기반한 유대의 중요성을 강조하며 수립했다. 정신적 외상을 가진 불우한 아이들을 연구하면서 볼비는 동물행동학자인 로버트 힌데(Robert Hinde)의 관찰연구방법에 관심을 갖게 되었다. 이 방법의 가능성을 확신한 그와 그의 동료 메리 애인스워스(Mary Ainsworth)는 유아와 그들의 어머니에 대해 많은 현장 연구를 진행했다. 이 과정에서 그는 주류 아동 분석 이론에서 벗어나 그들이 살아온 경험보다 아이의 정신생활에 더 관심을 갖게 되었다.

그는 붉은털원숭이 새끼를 어미와 분리시켰을 때 나타나는 장기 효과에 대한 동물행동학 연구를 기반으로 신생아가 생후 수개월 동안 이러한 애착을 형성하도록 프로그램되어 있다고 주장했다. 동물행동학에 대한 볼비의 관심에도 불구하고, 이 정신분석가는 갓 태어난 새끼거위가 흔히 부모에게 하듯 콘래드 로렌츠의 장화에 각인을 하고 로렌츠의 장화를 졸졸 따라다니는 그 유명한 사진을 잊었다. 일시적이기는 하지만 이런 류의 기이한 관계는 동물들에서 어렵지 않게 찾아볼 수 있다. 아기 오리가 고양이에게 바싹 달라붙어 자고 있고 고양이는 젖을 먹으려는 새끼 고양이들을 밀쳐내는 비디오 영상이 그런 예에 해당한다.

로렌츠의 장화만큼 중요한 다른 요인들도 애착 이론가들의 주장을 중지시킨다. 볼비는 자신의 이론을 발전시키는 과정에서 (그들의 연구 대상이 사람이 아님에도 불구하고) 동물행동학자들의 연구와 필경 자신의 외로운 어린 시절에 지나치게 큰 영향을 받았던 것 같다. 중상층 가정의 아들로 태어난 그는 해당 계층에서 그러했듯이 유모의 보살핌을 받았고, 여덟 살에는 기숙학교에 보내졌다. 그는 유모와 어머니에게서 떨어졌다는 사실에 몹시 비통해했다.

많은 사람들이 받아들이고 있지만 애착 이론은 경험적 데이터의 질이 떨어지고 애착 개념이 불분명하다는 두 측면에서 날카롭게 비판받는다. 저명한 사회과학자 바바라 우턴(Barbara Wootton)은 이 이론이 어른과 마찬가지로 아이들에게도 사랑이 필요하다는 이야기를 해 줄 뿐이라고 간결하게 평했다. 비판의 압력을 받자 볼비와 애인스워스는 자신들의 모델을 수정해 생모(生母)뿐 아니라 부친을 인정했고, 그런 다음 일차적인 돌봄 제공자라는 더 중립적인 개념까지 도입했다.

게하르트의 연구처럼 오늘날에는 어머니/일차 돌봄 제공자라는 용어가 폭넓게 사용되고 있지만, 애착 이론은 아버지가 직장에 다니고 어머니는 전업주부인 1950년대의 전형적인 핵가족의 맥락에서 탄생했다. 21세기에 이런 이념형에 부합하는 가족은 거의 없다. 커플은 결혼을 하거나 아이를 낳기 위해 이성애를 해야 한다는 의무감이 없고, 한 부모 양육이 흔하다. 게다가 동반자 관계가 무너지고 새로운 결합 유형이 형성되었다. 다문화 가정이 늘어나고 새로운 혼합가족(blended family)*이 등장해 새엄마나 새아빠뿐 아니라 그들이 데려온 아이들까지 양육하는 경우도 흔히 발생하고 있다. 또한 생식보조술을 통한 출산이 늘어나면서 역사적으로 새로운 가족 형태가 나타나고 있다. 그러나 이처럼 혼란스러운 변화의 와중에도 어머니가 육아의 대부분을 전담하거나 조정 역할을 맡고, 부모가 맞벌이를 할 경우 조부모가 특히 아이들의 방학 기간에 육아를 맡는 전반적인 상황은 변하지 않고 있다.

사회학자, 사회심리학자, 인류학자 들이 가족 구성에서 나타나는 이러한 변화 패턴을 폭넓게 연구했지만, 볼비가 근거로 삼았던 지배적인 동물행동학의 내러티브에 내부에서 처음 도전을

* 혼합가족: 미국에서 많이 나타나는 새로운 가족 유형으로, 각기 자녀를 데리고 재혼한 뒤 둘 사이에 또 자녀를 둔 부부로 이루어진 가족을 뜻한다.

제기한 것은 영장류학자인 사라 하디(Sarah Hrdy)의 2009년 저서 《어머니와 타인》(*Mothers and Others*)이다. 핵심적인 차이는 침팬지 어미가 혼자서 새끼들을 기르고 유전적인 친족에게만 아이를 맡기는데 비해, 사람의 어머니는 혈연이 아니어도 신뢰하는 타인에게 아이를 맡기고 그들의 아기와 어린아이들과도 밀접한 상호작용을 한다는 점이다. 사라 하디는 이런 현상을 '동종(同種) 양육'(alloparenting) 또는 '타인 양육'(parenting by others)이라고 불렀다.

그러나 실제로 사람의 부모가 양육을 하는 경우는 자원에 대한 접근 가능성에 크게 좌우된다. 북유럽의 복지 국가에서 동종 양육이 일반적으로 가능한 까닭은 무료 탁아소와 여성의 구직 가능성, 그리고 높은 비율의 조세 덕분이다. 반면 집단 육아에 대한 거부감이 있는 미국이나 가부장적인 영국에서는 이러한 일이 결코 일어날 수 없다. 하디의 동종 양육 개념은 다시 유모를 고용하고 아이들을 기숙학교에 보내는 영국의 부유층에게 잘 적용된다(볼비 자신이 겪었던 양상으로 회귀한다는 점에서 역설적이다). 운이 좋으면 부모가 5세 이하의 자식들을 공립 육아원에 보내고, 그렇지 않으면 무료 육아원에 보낼 것이다. 저소득 가족들에게는 영아들에 대한 무료 육아 시간이 제공된다. 오늘날 육아는 단일하고 통합적인 개념이 아니며, 그보다 훨씬 복잡한 조각 이불 같다.

최근 애착 이론가들은 동물행동학을 지나치게 신봉했던 볼비의 난국에서 벗어났지만, 동종 양육을 중시하고 단독 일차 돌봄 제공자와 그녀의 유전적 혈연을 덜 중요하게 본 하디의 적절한 연구를 간과한 대가를 치러야 했다. 그들은 하디의 연구 대신 신경과학에 호소했고, 애착 이론의 뿌리를 뇌 발달에서 찾으려고 시도했다. 그들은 애정과 자기 통제와 관련된 우뇌 체계의 성숙과 병행해 애착이 형성되는 것으로 추정된 7개월의 시간에 주목했다. (조기개입 문헌들은 현대의 신경과학이 지나친 단순화로 간주하는 '신경 신화'인 '인지적' 좌뇌와 '정서적' 우뇌라는 잘못된 개념으로 가득 차 있다. 이 주제는 4장에서 다룰 것이다.)

애착을 뇌 발달과 연결시키려는 것의 문제점은 우리가 앞에서 다루었던 정신분석학자들이 자신의 이론을 '신경화'(neuroize)하려는 시도와 비슷하다. '애착'은 우뇌와 다른 분야에서 온 어휘이며, 한 분야의 어휘를 다른 학문 분야의 그것으로 번역하는 일은 무척 힘들다. 어머니와 아기의 상호작용을 관찰하는 연구자들에 따르면, 애착은 전등을 켜듯 갑작스레 일어나는 사건이 아니라 수 개월 동안 전개되는 무엇이다. 아기가 애착을 가지는지 또는 그렇지 않은지를 보여 주는 생물학적 표지 따위는 없다. 남는 것은 뇌의 발달과정에 대한 신경과학자들의 설명, 그리고 그에 대한 애착 이론가들의 존경이며, 이 기간 동안 뇌와 몸에서 일어나는 서로 분리될 수 없는 그 밖의 많은 변화는 배제된다. 어쩌면 이러한 신경 추론은 해가 되지 않을지도 모른다. 조기개입론자들이 제공하는 프로그램과 출판물들이 7개월 동안 어머니가 처방된 방식으로 아기와 상호작용을 하지 않으면 아이가 돌이킬 수 없는 손상을 입게 되고, 애착의 유대가 형성될 수 없으며, 아이가 정서 결핍 상태로 자랄 것이라는 식으로 지나친 과장 해석을 하는 것 외에는 말이다. 1950년대와 1960년대에 직장에 다니던 어머니들에게 고리타분한 볼비주의가 끼친 가장 큰 해악은 이미 감당할 수 없을 만큼 힘겨운 그들에게 죄책감까지 얹어 준 점이었다.

신경과학에 대한 우리의 주된 관심사에서 조금 벗어나지만, 생물학적 발견의 지나친 외삽에서 아이들이 지속적으로 보호받아야 할 이유를 지적할 필요가 있을 것이다. 동물 연구, 공상적인 진화심리학, 그리고 범죄통계학의 무분별한 혼합이 아동 폭력이나 성적 학대를 설명하는 근거로 사용되는 것이 고전적 예다. 연구자인 마틴 댈리(Martin Daly)와 마고 윌슨(Margo Wilson)은 수사자가 새로운 무리를 장악하면 흔히 이전 수컷의 새끼들을 죽이는 것처럼, 혈연관계가 없는 아이를 가진 여성과 함께 사는 남자—대개 의붓아버지라 불리는—는 성적 학대, 폭력, 심지어 살인까지 저지질 위험이 있다고 주장했다.[23] 이들의 이론과 연구방법 모두에 폭넓은 학문적 비판이 제기되고 있지만, 지금은 어른

이 되었지만 과거 성적 학대를 당한 아이들이 유전적 연관이 없는 사제에게서 받은 학대를 폭로하는 데에는 상당한 용기가 필요했다. 제도적으로 관대하게 용인된 가톨릭 사제의 소아성애와 아이들에게 쉽게 접근할 수 있는 또 다른 이들에 의한 소아성애 피해자들의 집단 폭로로 인해, 강한 저항에도 불구하고 댈리와 윌슨의 논문은 언론 매체와 대중들의 시야에서 잊혀졌다. 설령 그들의 연구가 살아남았어도 모호한 학문적 고립 영역에 국한되어 해를 끼치지는 못했을 것이다. 여기에서 우리가 이야기하려는 요점은 나쁜 과학이 취약 계층을 저버리고 주의를 실제 범죄자로부터 다른 곳으로 돌릴 수 있다는 것이다.

지나친 억지

거의 20년 전 신경과학이 육아와 교육적 실천에 대해 지도하거나 최소한 조언을 줄 수 있다는 주장이 처음 제기되었을 때, 미국의 철학자 존 브루어(John Bruer)가 주요 비판을 제기했다. 그는 인지심리학 연구가 이미 아이들의 지적 발달에 대한 이해에 기여하고 있고 신경과학이 인지심리학을 뒷받침할 수 있지만, 신경과학에서 육아로 직접 비약하는 것은 "지나친 억지"라고 썼다. 조기개입론자들이 신경과학을 근거로 삼는 방식을 비판한 그의 저서 《출생 후 3년의 신화》(*The Myth of the First Three Years*)는 비교적 최근에, 신경과학 지식이 비약적으로 성장한 뒤인 1999년에 발간되었지만, "21세기에 우리 자신을 최대한 활용하기" 위한 노력의 일환으로 작성된 미래예측 보고서에 인용된 많은 전문가들은 이 책을 완전히 무시했다.

그 보고서는 역대 정부가 복지 예산을 대폭 삭감해 은행가들을 재앙으로 몰아넣어 긴축정책의 시대를 열었던 은행 파산 사태 직전에 발간되었다. 새로운 천 년대에 빈곤층이나 극빈층에게 "우리 자신을 최대한 활용하자"는 주장은 역설적인 말장난에 불과했다. 2015년에 이제는 완전히 보수 정권이 된 영국 정부는 빈곤을 상대수입이 아니라 교육적 성취, 실업, 약물 중독으로 재정의하면서 특정 표적을 대상으로 한 개입과 풍속 단속이 다시금 정책 수립의 전면에 등장했다. 이제 노동과 연금 담당 국무장관이 된, 주창자 중 한 명인 던컨 스미스는 결손 가정의 아이들에 대한 조기개입이, 앨런의 보고서 표지에 실린 금괴가 상기시키듯 무대책으로 인한 엄청난 비용을 막을 수 있다는 믿음을 공표했다. 이런 강조를 통해 페리의 영향을 받은 솔리헐 프로그램처럼, 사회복지사와 부모들을 대상으로 한 훈련 프로그램을 갖춘 좀 더 상업적인 작전이 스스로 그 수와 지위를 높여 외주 계약을 확보할 가능성을 높이는 것 같다. 앨런은 비현실적이지만 납세자들의 비용을 최소화시키면서 이러한 외주 계약이 가능하다고 믿었다.

파국을 예고하는 조기개입주의 이데올로기는 브루어로부터 아무 교훈도 얻지 못했다. 그들은 아이들의 운명이 출생 후 3년의 뇌 성장과 시냅스 증가에 고정되어 있으며, 잘못된 육아가 아이들이 튼튼한 애착을 형성하지 못하게 만들고, 아이와 경제 성장 모두에 끔찍한 결과를 초래한다고 계속해서 주장한다. 뇌 성장 속도, 시냅스 수, 민감한 시기와 코티솔 수준에 대해 불필요한 우려를 야기하는 주장들은 좋게 보아야 지나친 억지이며, 가장 심각한 문제점은 이런 주장이 이념적으로 추동되거나 과장되게 해석된 나쁜 과학에 기반하고 있다는 점이다.

무엇보다 그들은 1퍼센트의 부자와 나머지 99퍼센트라는 점차 심화되는 사회적 불평등의 영향을 무시한다. 미래예측 보고서는 불평등이 복지에 미치는 비용을 인정하지만, 헤크먼을 따라 이러한 불평등을 교육으로 완화시키려고 시도한다. 여기에서 완전히 결여된 것은 전 지구적 자본주의와 격화되는 불평등의 구조적 연결에 대한 인식이다.

의료통계학자 리처드 윌킨슨(Richard Wilkinson)과 케이트 피켓(Kate Pickett)의 2009년 저서 《평등이 답이다》(*The Spirit Level*,

이후)는 이러한 불평등이 건강과 복지에 미치는 파괴적인 영향을 잘 보여 주고 있다. 그 영향은 부모가 식탁에 음식을 올리거나 아이들의 머리 위에 지붕을 덮어 줄 수 없는 불확실한 빈곤층이나 극빈층, 그리고 집에 난방을 할 수 없는 노인들의 문제에 머물지 않고 사회의 구조 자체에까지 미친다. 게다가 프레카리아트(precariat)*가 늘어나고, 한때 안정된 중산층이었던 사람들이 간헐적 실직이라는 새로운 불안에 직면하고, 주택난과 날로 심화되는 긴축정책을 겪으며 육체와 정신의 이상, 폭력과 아동 학대가 증가하고 있다. 학교에서는 무료 급식이 필요한 아이들이 선별되면서 이른 시기의 기술 습득에서 중등교육자격검정시험(GCSE) 등급에 이르기까지 아이들의 성취도가 떨어지고 있다. 연구에 따르면 이렇게 선별된 아이들은 낙인이 찍히는 느낌을 받으며, 괴롭힘을 자주 당하는 것으로 밝혀졌다. 일부 지역 당국이 도입했던 보편적 무상 급식은 이런 낙인 효과를 피할 수 있다. 무료 급식을 받는 아이들에 대한 설문조사 결과는 그들이 낙인찍기와 따돌림을 겪었고, 자주 괴롭힘을 당했다는 사실을 보고했다. 윌킨슨과 피켓이 주장했듯이, 불평등은 엄청난 사회적 비용을 초래하며, 이는 구조 개혁으로만 해결할 수 있다. 이 점에 대해 신경과학은 아무것도 이야기하지 않는다.

* 프레카리아트: '불안정한'(precarious)과 '프롤레타리아트'(proletariat)를 합성한 조어.

이런 쟁점들은 마지막 장에서 다시 다룰 것이다. 이제 사회적으로 혜택을 받지 못한 아기들과 미취학 아동을 대상으로 한 신경과학에 기반한 정책에서, 신경과학에 기초해 교육받는 사람들의 '마음'(mind)을 바꾸려는 주장에 대해 살펴보자.

4
신경과학이 미래를 바꿀 수 있을까?

- 뇌 기반 교육의 시대 -

급성장 산업

2007년에 발간된 OECD 보고서는 이렇게 쓰고 있다. "오늘날 교육자들이나 교육에 관심을 가진 사람이라면 누구나 학습 과정의 과학적 기반에 대해 이해하는 것이 유용할 뿐 아니라 필수적이다."[1] 이렇듯 교사들이 뇌를 이해해야 한다고 생각하는 것이 OECD뿐만이 아니다. 2008년에는 3장에서 다룬 미래예측 보고서가 나왔고, 3년 후에는 왕립학회가 〈신경과학: 교육과 평생학습에 대한 함의〉(Neuroscience: Implications for Education and Lifelong Learning)라는 보고서를 내서 합창대에 합류했다. 2015년에 〈네이처〉는 새로운 저널 〈사이언스 오브 러닝〉(*Science of Learning*)을 발간하며 창간사에서 "우리는 신경과학이라는 흥분된 시대에 살고 있고, 신경과학이 교육을 합병하며 우리를 뇌 기능의 분자적·세포적 이해에서 교실로 이끌고 있다"라고 선포했다. 이처럼 권위 있는 기관들이 보증하고 선전에 나서면서 뇌 연구는 교육정책의 중심이 되었다. 구글의 핵심어 검색에서 교육 관련 신경과학은 조회수가 3400만 회를 넘는다.

교육 신경과학은 급성장하는 산업이다. 적극적인 MBE(Mind Brain Education, 정신 뇌 교육)학회와 수많은 학문 연구직 일자리, 그리고 전문 학술지가 우후죽순처럼 생겨났다. 이 분야는 시장 기회도 제공한다. 교육신경과학을위한케임브리지센터(Cambridge Centre for Neuroscience in Education) 소장 어셔 고스와미(Usha Goswami)에 따르면, 10년 전에도 교사들은 뇌 기반 교육 상품이나 강좌를 제공하는 기업들로부터 1년에 70건에 달하는 광고 메일을 받았다고 한다.[2] 웰컴재단의 설문지에 응답한, 재단에 자문단으로 참여하는 과학 교사들의 88퍼센트가 다음 10년 동안 신경과학이 교육을 향상시킬 것이라고 생각하며, 기회가 주어지면 연구자들과 협력하고 싶다고 말했다. 덧붙이자면, 이 교사들은 웰컴재단의 초청에 응해 자문위원이 된 사람들이다. 이것이 문제 될 건 없지만, 스스로 선택한 그룹의 구성원들이 신경과학이 교육에 기여할 가능성에 관심이 없고 긍정적이지 않았다면 그것이 오히려 놀라울 것이다.

문제는 웰컴재단의 88퍼센트라는 수치가 마치 방법론적으로 견고한 연구에서 나온 결과처럼 사용될 가능성이 매우 높다는 것이다. 신문 논평 기고가들과 정치인들은 이런 단서 조항을 너무 쉽게 잊으며, 백분율은 어느새 확고해져서 도전할 수 없는 근거로 인용된다. 신경장사꾼들이 이미 교문을 열어젖혔다고 확신하는 것도 그리 놀라운 일이 아니다.

여러 보고서들이 제안하는 전체 신경교육 프로젝트들이 문제가 되는 대목은 그들이 말하는 학습하는 뇌가 기묘하게도 실체가 없다는 것이다. 학습하는 아이가 자유롭게 부유하는 뇌로 대체된 셈이다. 〈네이처〉가 새로 발간한 잡지는 논설에서 한 술 더 떠서 분자와 세포에서 곧장 교실로 비약했다. 이러한 분자교육자들은 실험대와 환자의 침상 사이에 많은 시간과 비용을 요하는 간격이 있으며, 마지막 시도에서 실패할 수도 있다는 생의학의 역사를 망각한 듯하다. 그들은 신경과학의 연구 성과를 교실로 번역하는 일이 실험실의 관찰을 성공적인 신약으로 출시하는 것보다 덜 복잡할 수 있다고 생각하는 것 같다. 교실(학생과 교사)은 단지 개인들의 합이 아니며, 끊임없이 미묘한 변화가 일어나는 복잡한 사회 체계다. 더구나 신경과학자들이 발견하기를 기다리는 미지의 나라의 교실이 있는 것도 아니다. 인문학과 사회과학 분야의 연구자들이 이미 오래전부터 그곳에 있었고, 상당한 연구 기반을 수립해 교육 이론과 실천의 토대를 제공하고 있다. 그들에게 '신경화'(neuroizaton)의 유행은 자칫 문화적 제국주의로 비춰질 위험이 있다.

좀 더 효율적인 교수법 찾기

교육적 성취의 경제학에 대한 2010 OECD 보고서에 따르면,

경제 성장과 그에 따른 부를 예측하는 것이 학교 수학의 표준이다.[4] 이 보고서는 영국이 1960년에서 2010년 사이에 국제교육 표준의 최소점수에 미달한 11퍼센트의 아이들의 기준을 높였다면 GDP가 0.44퍼센트 증가했을 것이라고 추정했으며, 수학 실력이 형편없는 학습자들이 실직을 하고, 우울증에 걸리고, 법을 어길 가능성이 더 높다고 덧붙였다.[5] 그러나 통계학자들은 오랫동안 OECD의 교육 순위 체계의 타당성에 우려를 제기해 왔다. PISA(Programme for International Student Assessment), 즉 국제학업성취도평가는 나라마다 다른 시험이 적용되고, 일부 문화권이 유리하고, 때로는 표본이 너무 작은 문제가 있음에도 불구하고 전 세계 정부들은 전면적인 교육개혁을 정당화하기 위해 무비판적으로 PISA를 활용한다. (그렇다고 PISA가 무용하다는 뜻은 아니다. 이 데이터를 다룰 때 조심할 필요가 있음을 지적하는 것이다.)

교육부 장관을 지낸 마이클 고브(Michael Gove)도 예외는 아니었다. 참여한 영국 학교 수가 너무 적어 신뢰할 만한 데이터를 얻을 수 없다는 비판을 무시한 채, 그는 논쟁의 여지가 많은 개혁 조치를 시작하기 위해 낮은 PISA 순위를 근거로 삼아 돌진했다. PISA 순위 통계를 남용하자 영국 통계국이 공식적인 비판을 제기했지만, 이런 비판은 고브에게 아무 소용이 없었다. 상하이가 PISA 리그에서 수위를 기록하자 그는 상하이 모델을 따르기로 결정했다.

초등학교 교사들을 상하이로 파견해 실험적 초등학교에서 교실 수학 교수법을 연구하게 했고, 1100만 파운드를 들여 상하이의 전문 교사들 30명을 2년 계약으로 초빙해 영국 초등학교에서 수학을 가르치게 했다. 평가조사는 작지만 통계적으로 유의미한 향상이 이루어졌다고 보고했다. 그러나 이것이 대단한 발전이 아니라는 점을 지적하기 전에, 영국 학생들에 비해 중국 학생들의 연간 학업 시간이 훨씬 길다는 점과 교사 전문 교육의 수준과 깊이에 대해 살펴볼 필요가 있을 것이다.

이 계획을 보도한 〈가디언〉의 기사를 보고 교사들이 보낸 편지는 영국 초등학교에 수학 전문 교사가 거의 없다는 사실을 지적했다. 영국 초등학교의 대부분의 교사가 전 과목을 담당하는 데 비해 초빙된 중국 교사들은 5년 동안 수학교육을 전공했고, 하루에 두 시간만 수업을 하고 나머지 시간 동안 동료들과 교수법와 학습 방법을 향상시키기 위한 연구를 한다.[6] 반면에 영국 정부는 무자격 교사들이 공립학교 및 아카데미 스쿨(academy school)과 프리 스쿨(free school)*에서 가르칠 수 있도록 허용했다. 2014년에만 40만 명 이상의 아이들이 무자격 교사의 수업을 받았다.[7]

* 영국의 아카데미 스쿨은 정부의 재정 지원을 받지만 지방 정부의 직접 통제를 받지 않고 독자적 커리큘럼을 가지는 학교이며, 프리 스쿨은 교육과정에 구애받지 않는 학교이다.

2015년에 영국 정부는 수학, 과학, 공학 교사의 부족 사태를 우려해 수학과 물리학[8] 분야에서 1만 5천 명의 비전문가 교사들의 능력 향상을 도모했는데, 여기에 들어간 비용은 1인당 약 1600파운드였다. 늘 그렇듯이 과장된 수사로 시작되었지만, 지출명세가 드러나자 이 금액은 현재 대학 등록금 수준에서 교사 한 명당 4주에서 6주의 수업료를 지불할 수 있는 정도에 불과하다는 것이 밝혀졌다. 전국의 수학 교사가 될 사람들의 실력을 높인다는 목표에 비해 보잘 것 없는 액수였다. 상하이의 전문 수학 교사 30명을 초빙하는 데 이미 1100만 파운드가 들어갔기 때문에, 교육부는 수학은 고사하고 시급한 산수 실력을 높이는 데 주력했다. 이 3500만 달러를 이튼이나 웨스트민스터와 같은 공립학교가 보조금으로 받는 7억 파운드와 비교하면, 마태효과*의 가장 두드러진 사례를 볼 수 있다. "가진 사람은 더 받아서 차고 남을 것이며, 가지지 못한 사람은 가진 것마저 빼앗길 것이다"(마태복음 13장 12절, 새번역).

이처럼 가망이 없는 상황에서 신경과학이 전반적인 수준을 향상시키는 교수법을 찾아내고, 특수학습이 필요한 아이들을 도와줄 가능성이 있을까? 최고의 교수법에 대한 신경과학의 조언은 학생들의 정신적 자본 결핍과 같은 사회경제적 원인들을 고려

* 마태효과: 마태복음 13장 12절에서 비롯된 명칭으로, 빈익빈 부익부처럼 계층간 격차가 더 벌어지게 되는 현상을 뜻한다.

할 수 없다. 재정 부족에 시달리는 공립학교, 10년이 지나면 교단을 떠나는 교사들, 날로 늘어나는 빈곤 아동 수, 일부 초등학교에서 46퍼센트가 넘는 영어가 모국어가 아닌 아이들의 비율, 그리고 여전히 깨지지 않는 가족 수입과 A등급 사이의 상관관계 등이 그런 요인들이다. A나 A^+ 점수를 받고 기뻐하는 아이들의 신문 사진을 대신할 만한 것은 없다. 열정이 없다고 아이들과 부모, 그리고 학교를 비난하는 것은 정치적 계층들이 즐겨 써먹는 습관이지만, 연구 결과를 지나치게 단순화하고 있다. 다양한 인종이 섞여 있는 지역과 백인 노동자 지역을 비교한 연구 결과는 인종적 다양성 쪽이 열정이나 학습 성취도가 모두 높은 반면, 후자 그룹의 젊은이들은 전통적인 직업을 목표로 삼는 비율이 더 높았다. 라운트리재단(Rowntree Foundation)에서 발간한 주요 보고서는 이렇게 쓰고 있다. "사회적 유동성을 높이기 위한 정책은 열망에 대한 가설을 넘어설 필요가 있다. 열망을 달성하는 데 장애가 되는 걸림돌을 문제 삼아야 한다."[9]

좀 더 긍정적인 측면으로, 신경과학은 난독증이나 계산장애가 있는 경우처럼 아이들의 발달적 학습장애를 이해하는 데 기여할 수 있었다. 새로운 정보를 가소적 뇌에 기록하는 생화학적·생리학적 과정들에 대한 연구가 활발하며, 교육신경과학자들은 이 과정이 밝혀지면 좀 더 효율적인 교실 수업의 방식을 찾을 수 있으리라 기대하고 있다. 그러나 교실에서 신경과학이 뒷받침하는 진단은 양날의 무기가 될 수 있다. 교육적 연구는 아이들이 생물학적 기반의 학습장애를 가졌다고 진단하고 꼬리표를 붙이는 일의 부정적 측면을 제기해 왔다. 교사들이 그런 아이들을 가르칠 수 있다는 믿음을 포기할 수 있기 때문이다.[10]

뇌를 향상시키기 위해

학습 효과를 높이는 약품과 전자장치 판매는 학생 개인이 경쟁 상황에서 유리한 위치에 설 가능성을 제공하기 때문에, 뇌를 최대한 활용하려는(brain-optimization) 급성장하는 시장에서 편안하고 수익성 높은 위치를 확보할 수 있다. 교육정책 입안자와 신경교육학자, 교육기술의 소프트웨어와 하드웨어 개발자 및 판매자 들을 포함해 인적 자본과 자신의 정신 자본을 강화하기 위해 애쓰는 이들 사이에 보이지 않는 동맹이 맺어지고 있다. 여기에는 더 좋은 점수를 얻기 위해 리탈린(Ritalin)이나 모다피닐(Modafinil)*을 복용하는 대학생들부터, 신경과학자의 조언으로 태

* 리탈린은 주의력결핍과잉행동장애(ADHD) 치료제로 개발되었고, 모다피닐은

아의 뇌 발달을 돕기 위해 모차르트(Mozart)를 들려주는 임산부에 이르기까지 많은 사람들이 포함된다.

뇌를 자본, 즉 확대해야 할 자원으로 개념화하는 것은 확대될 사람이나 그 대상을 변화시킨다. 이러한 개념화는 부분을 전체에서 분리시킨다. 이것은 정작 향상되어야 할 사람이 학습하는 아이, 대학생, 야심 찬 무역업자, 치매를 두려워하는 노인임에도 서점의 신경 관련 서가에 학습하는 '뇌', 사회적 '뇌', 정서적 '뇌', 윤리적이거나 폭로하는 '뇌'와 같은 책제목들이 늘어나는 데에서 잘 나타난다.

사람의 잠재력과 수행능력, 그리고 즐거움을 향상시키려는 시도는 이미 오래되었다. 새로운 것은 신경과학이 일차적으로 신경전달물질과 같은 신경 과정을 구체적인 목표로 설정하는 식으로, 인지 향상에 특히 초점을 기울인다는 점이다. 가장 오래된 시도로는 1930년대에(1950년대에도 판매되었다.) 미국에서 제약회사 스미스클라인프렌치가 내놓은 중추신경 자극제 암페타민(Amphetamine)으로, 처음에는 울혈 제거제 벤제드린(Benzedrine)으로 출시되었으며 독성이 더 강한 친척뻘인 메탐페타민(methamphetamine, 필로폰)과 함께 광범위하게 사용되었다. 메탐페타민은 제2차 세계대전 당시 연합군과 독일군이 모두 흥

기면증 치료제로 개발되었으나, 주의력을 높이고 기억력을 향상시키는 이른바 '공부 잘하는 약'으로 알려져 있다.

분제로 사용했다.

암페타민의 중독 효과로 인해 전후 여러 나라 정부들은 이 약을 처방전이 있어야 살 수 있도록 조치했지만, 거리에서 쉽게 구할 수 있다. 암페타민은 지금도 장거리 임무를 수행하는 전투기 조종사에게 사용되고 있으며, 걸프전 이후에는 원래 수면장애인 기면발작 치료제로 개발되었던 처방전이 필요한 약품인 모다피닐로 대체되었다. 불법 필로폰은 인격 파탄과 그에 따른 엄청난 사회적 비용에도 불구하고 여전히 도취감과 최음 효과를 얻는 마약으로 쓰이고 있다.

1960년대에 미국에서는 메탐페타민의 화학적 사촌 격인 메틸페니데이트(methylphenidate, 리탈린)가 경미뇌기능장애[지금은 주의력결핍과잉행동장애(ADHD)로 개명되었다.]의 치료제로 처방되었다. 암페타민도 1990년대에 애더럴(Adderall)이라는 상품명으로 ADHD에 지속적 효과가 있는 대체제로 다시 출시되었다. 두 약품은 광범위하게 처방되어 인터넷에서 처방전 없이 즉시 구입할 수 있으며, 학교 운동장에서도 거래되었다. 똑똑해지는 약으로 알려진 리탈린과 그 친척뻘 약품들은 인지작용에 직접 영향을 미치지는 않지만 주의력을 향상시켜 뇌 속의 도파민 신경전달물질계와 상호작용해 대학생들이 (ADHD 진단을 받았는지와 무관하게) 벼락치기 과제를 수행하는 데 집중하도록 도와주는 역할을 한다.

실제로 정반대의 주장이 있음에도 불구하고 인삼과 은행열매와 같은 천연제품에서 DHEA와 같은 호르몬 제제, 그리고 심지어는 히드라진처럼 해로운 약품에 이르기까지 수십 종의 물질이 이른바 똑똑해지는 약으로 판매되었지만, 순수한 인지효과가 있는지에 대해서는 의구심이 제기된다. 아침식사로 무엇을 먹을지와 같은 가장 간단한 판단부터 암호 해독과 같은 가장 복잡한 작업까지 매 차례의 모든 인지활동에 관여하는 뇌 영역과 신경 과정 들이 무척 복잡하기 때문이다.

수행능력을 높이고 주의력을 향상시키는 약물을 사용하는 것이 몇 가지 흥미로운 이상증세로 이어지고, 윤리학자들 사이에서 논쟁이 벌어지는 것은 이상한 일이 아니다. 공군이 조종사들을 격려하기 위해 사용하는 약물을 ADHD 진단을 받지 않은 한 학생이 교실에서 사용하지 못하게 하거나 세계반도핑기구가 운동선수의 사용을 금하는 이유가 무엇이겠는가? 리탈린의 효과를 인식한 부모들이 자신의 아이들을 위해 처방된 약을 얻기 위해 ADHD 진단을 받으려 애쓰는 까닭은? 뛰어난 운동선수이거나 온라인 대학 과정 학생이기도 한 조종사라면 사정은 훨씬 복잡해진다. 도덕철학자 마이클 샌델(Michael Sandel)은 그의 저서 《완벽에 대한 반론》(*The Case Against Perfection*, 와이즈베리)에서 화학적 향상제를 사용하는 것과 과외로 특별 개인 교습을 받는 것이 무슨 차이가 있는지 묻는다. 리탈린 복용에 대해 입장을 묻자 십대의 한 그룹은 약물을 부정행위로 보고 압도적으로 거부했지만 다른 학급의 아이들이 리탈린을 복용한다면 어떻게 하겠느냐는 구체적인 질문을 던지자 처음 입장을 번복하고 자신들도 복용하겠다고 답했다.

최소한 미국에서 약물 사용을 대체하는, 점차 인기가 높아지는 방법은 뇌를 전기적으로 자극하는 것이다. 한 가지 방법은 두피에 한 쌍의 전극을 연결하고 두 개의 9볼트 배터리로 1.2밀리암페어의 전류를 뇌로 흘려보내는 것이다. 이것이 경두개직류자극법(transcranial direct current stimulation, tDCS)이다. 원래 tDCS는 우울증에서 파킨슨병에 이르는, 심리적·신경학적 문제를 치료하기 위해 실험적 방법으로 개발된 전기와 자기 장치의 일종이다. 이 장치는 금세 학습과 기억을 향상시키는 잠재적 방법으로 군(軍)과 (첩보 분석을 향상시키고 속도를 높이기 위해) 컴퓨터 게임 산업의 관심을 끌었다. tDCS 신호를 받으면서 학습 과제를 수행한 학생이 몇 주일 후 그 과제를 더 잘 기억했다는 일부 연구가 있지만, 효과는 미약하다. 미국에서는 FDA가 tDCS의 의학적 이용을 허가하지 않았지만, 이 키트는 인지력 향상 장치로 소비자가 직접 구입할 수 있다. 웹에서 광고하는 키트는, 부착된 벨과 호각의 수에 따라 150달러에서 400달러 사이에서 판매되고 있다.

신경교육? 신경신화!

OECD, 왕립학회, 웰컴재단은 신경교육의 타당성에 모두 동의했다. 그러나 이 기구들은 모두 그들이 신경신화(neuromyths)라 부르는 것이 확산되는 데에 우려를 표명했다. 신경신화란 뇌에 대해 널리 퍼진 잘못된 생각으로, 시대에 뒤떨어지거나 심지어 실재하지도 않는 나쁜 과학이 그 기반이다. 일부는 뇌가 작동하는 방식에 대한 오개념이고, 다른 것들은 학습능력을 향상시켜준다는 교육이나 장치에 대한 것이다.

웰컴재단의 조사에 따르면, 자문단에 포함된 많은 교사들이 이런 신화를 믿고 있어서 공격적인 마케팅의 좋은 표적이 되고 있다. 과학에 대한 관심과 과학을 아는 것은 다르다. 이것은 1992년에 경제사회연구협의회가 지원했던 많은 연구를 통해 입증되었는데, 과학에 대해 더 많이 알수록 과학의 주장에 더 회의적이라는 것이다.[11]

그러나 좀 더 최근의 연구에 따르면, 신경과학에 대해서는 이런 발견이 적용되지 않았다. 이 연구에서 대부분의 응답자들은 자신의 지식 수준과 무관하게 신경과학에 기반한 주장에 긍정적으로 답했다. 그러나 신경과학의 뒷받침이 없으면 같은 응답자들이라도 동일한 주장을 덜 지지했다. 따라서 신경과학은 다른 생명과학보다 큰 권위를 행사하는 것처럼 보인다. 신경과학은 과거에 영혼이라고 확신하던 것을 다루는 분야가 된 것일까?

이런 신화들이 모든 분야의 정통 과학에 심각한 도전을 제기하는 것으로 여겨지면서, 왕립학회와 같은 국가 학술기관들은 자신의 권위를 근거로 과학과 비과학을 구분하고 그 경계를 유지하는 역할을 자임하고 있다. "우리는 뇌의 10퍼센트밖에 활용하고 있지 않다"는 주장이 그 좋은 예다. 신경과학자들은 사람들 사이에 널리 확산된 이 믿음이 어디에서 왔는지, 또는 그런 주장이 무슨 뜻인지 무척 당황스러워하고 있다. 뇌에 있는 1천억 개의 뉴런들 중 90퍼센트가 비활성이거나 불필요하다는 말에서 기인한 것일까? 이런 주장의 가장 오래된 전거(典據)는 1936년에 출간된 데일 카네기(Dale Carnegie)의 베스트셀러 《카네기 인간관계론》(*How to Win Friends and Influence People*, 씨앗을뿌리는사람)이지만, 카네기도 어떤 근거로 그런 말을 했는지는 밝히지 않았다. 분명한 점은 이런 주장에 아무 신경과학적 근거도 없다는 것이다. 그와 정반대로 신경과학적 근거에 따르면, 뉴런은 뇌 전체에서 거의 지속적으로 활동을 한다. 그러나 10퍼센트라는 수치는 사람들이 활용할 수 있는 뇌의 능력에 상당한 여유가 있으며, 뇌의 가소성 때문에 적절한 훈련을 받으면 시냅스 연결과 신경경로를 개조할 수 있다는 생각을 암시한다.

태아가 자궁 속에서 모차르트를 듣는다는 생각을 비롯해 그 밖의 비슷한 개념의 출처도 쉽게 추적할 수 있다. 특히 신경과학에 관심이 있는 교사들 사이에서 잘 알려진 상품으로 브레인짐(Brain-Gym)이라는 회사가 판매하는 두뇌활성화 운동법이 있다. 이 운동법은 잠시 수업을 멈추고 아이들을 자리에서 일어나게 해 엄지와 집게손가락을 쇄골 아래쪽에 있는 부드러운 부분에 얹고 살살 문지르게 하는 방법이다. 이 방법으로 뇌로 들어가는 혈액 흐름을 증가시켜 학습능력을 향상시킬 수 있다는 것이다. 있을 법하지 않고 생리학적 근거가 결여되었지만, 이 이상한 운동법은 다음과 같은 신경과학과 인지심리학적 관찰에서 그 뿌리를 찾을 수 있을 것이다. ①뇌는 산소 욕심이 많다. ②운동은 혈류를 늘린다. ③짧은 운동을 하느라 수업을 중단하면 다시 수업이 시작되었을 때 집중도가 높아진다.

일상적인 대화에 깊이 뿌리내렸고 웰컴재단의 설문조사에서 많은 교사들이 믿고 있는 것으로 밝혀진 그 밖의 두 가지 신화는 좌뇌/우뇌의 차이를 남자와 여자의 차이와 결부시키는 것이다. 남성의 뇌와 여성의 뇌는 서로 다르고, 남자의 뇌가 더 크다는 주장에는 유서 깊은 선례들이 있다. 서구 사상에서 그 뿌리는 아리스토텔레스로 거슬러 올라간다. 19세기 과학 문헌에서 이런 주장은 당연하게 여겨졌고[예를 들어 다윈(Charles Darwin)의 글에서], 대학에서 여성을 배제시키기 위해 열성적으로 활용되었다. 1945년 이후 영국의 맥락에서 IQ 이론에 대한 대부분의 비판적 논의가 문화의 영향을 받지 않는 검사(culture-free test)란 애당초 불가능하며 노동계급 아이들에게 불리하도록 체계적으로 편향되었다는 데 초점을 맞춘 반면, IQ 검사의 젠더 통계 조작에 대해서는 관심이 적었다. 1970년대에 런던 교육청장 프랜시스 모렐(Frances Morrell)은 과거의 IQ 검사 점수를 재검토해 소녀들이 소년들보다 높은 점수를 받았다는 사실을 발견했다. 검사를 맡았던 가부장적 교육심리학자들은 그런 사실을 받아들일 수 없어 같은 결과가 나오도록 점수와 문제를 조작했다.[13]

오늘날 신경해부학은 남자와 여자의 신체 크기 차이를 보정했을 때 남녀 뇌의 평균 크기 차이가 있다는 주장을 논박하지만, 뇌의 일부 내부 구조와 생화학에서 차이가 있다는 점은 인정한다. 논쟁의 여지가 있는 이 주장에 따르면 뇌의 양쪽 반구를 연결하는 커다란 신경 다발인 뇌량(腦梁)의 두께에서 남녀의 차이가 있으며, 남자는 오로지 한 가지 일에 매진하는 반면 여자는 여러 가지 일을 동시에 처리할 수 있다는 것이다. 다른 차이는 뇌 속에 있는 뉴런들이 테스토스테론과 같은 호르몬에 반응하는 방식에 있다. 자폐증 전문가인 사이먼 배런코헨(Simon Baron-Cohen)은 태아기에 여성의 뇌를 남성화시키는 것은 테스토스테론과 뇌의 특정 영역에 있는 수용체 분자들 사이의 상호작용이며, 이것이 남성이 자폐증에 더 걸리기 쉬운 특성을 비롯해서 양성의 "본질적인 차이"를 결정한다고 주장한다.[14] 그는 이것을 "뇌-조직 이론"이라 불렀지만, 그의 연구방법과 남녀의 인지적 및 감정적 차이에 대한 과도한 추론은 심리학자 코델리아 파인(Cordelia Fine)과[15] 사회의학자 레베카 조던 영(Rebecca Jordan Young)에 의해 강한 비판을 받았다.[16]

뇌의 양 반구 차이에 대해, 세간에는 왼쪽 뇌가 인지적·직선적·남성적인 반면 오른쪽 뇌는 감정적·시각적·여성적이라는 이야기가 퍼져 있다. 아이들은 태생적으로 우뇌나 좌뇌 중 어느 한쪽이 발달하며, 이런 차이가 시각적·청각적 및 근육운동감각(visual, auditory or kinaesthetic, VAK) 양식이라고 표현되는 개인 학습 양식을 결정한다는 믿음을 강화시켰다. 왕립학회를 비롯한 여러 단체들이 이러한 믿음을 공공연히 비난했음에도, 이런 주장을 펴는 웹과 종이 자료가 넘쳐나고 교사들 사이에서도 인기가 높다. 게다가 일부 교사들은 그런 내용을 학생들에게 가르친다. 교수 방법도 개별 학생마다 적절한 학습 양식에 따라 달라져야 한다는 것이다. 시각 학습은 우뇌, 청각 학습은 좌뇌, 그리고 근육운동감각에는 양쪽 뇌가 똑같이 관여한다는 식이다. 최소한 한 VAK 웹사이트에 따르면, 학습 양식은 유전적으로 결정되며, 그것은 생각을 할 때의 모습으로 추론할 수 있다고 한다(시각 학습자는 위를 보고, 청각 학습자는 정면을 보고, 근육운동감각 학습자는 아래를 본다). 그러나 아이들이 선호하는 학습 양식에 따라 가르치면 성과가 향상된다는 주장은 아무 근거가 없다. 신경과학에 관심이 있어서 더 정확한 지식을 가졌을 것이라 생각되는 영국과 네덜란드 교사들에 대한 비교 연구에 따르면, 93퍼센트의 영국 교사와 96퍼센트의 네덜란드 교사가 VAK 학습 양식의 중요성을 믿었고, 각기 91퍼센트와 96퍼센트가 좌/우 뇌 차이가 교수 및 학습과 연관성이 있다고 믿었다.[17]

이런 '신화들'의 일부 원천은 신경과학의 그리 멀지 않은 과거에서 종종 발견된다. 인지, 정서, 그리고 실제로 학습 양식에 관여하는 뇌의 부분들이 왼쪽 반구와 오른쪽 반구로 분할되어 있다는 믿음의 뿌리는 1950년대의 로저 스페리(Roger Sperry)의 분할뇌(分割腦) 실험까지 거슬러 올라간다. 스페리는 난치성 간질 환자들을 연구했는데, 간질의 전기 폭풍이 한쪽 반구에서 다른 쪽으로 확산되는 것을 막기 위해 환자들에게 뇌량을 절제하는 처치를 했고, 결과는 성공적이었다. 그와 동료들은 뇌의 양 반구가 뇌량을 통해 소통할 수 없을 경우, 환자의 환경에 포함된 여러 특성들에 각기 독립적으로 그리고 서로 다르게 반응한다는 사실을 발견했다. 가령 왼쪽 반구는 사람들의 말, 오른쪽 반구는 시각적 신호에 반응하는 식이다. 그러나 뇌가 정상으로 기능해 좌반구와 우반구가 지속적이고 조정된 소통을 하는 사람의 경우, 왼쪽 뇌와 오른쪽 뇌 사이의 기능적 분할은 수행 능력과 무관하다.

이와 같이 다른 예와 마찬가지로 오늘날의 신경신화는 과거의 첨단 과학에 기반을 두고 있다.

신경교육의 실효성

왕립학회의 보고서에서 여러 신화들의 정체가 폭로되고 좋은 과학의 경계가 확고하게 그려지면서 비로소 신경과학자들은 신경과학이 교육에 기여할 수 있다는 주장을 펼 수 있게 되었다. 그 좋은 예가 신경과학자 사라 제인 블랙모어(Sarah-Jayne Blakemore)와 우타 프리스(Uta Frith)의 《뇌, 1.4킬로그램의 배움터》(*The Learning Brain: Lessons for Education*, 해나무)다. 두 사람은 이렇게 쓰고 있다.

> 교육적 연구 자체로는 독자적인 자원과 건전한(원문 그대로임) 과학적 사고로, 많은 교육적 쟁점들에 최고의 해법을 주지 않

고, 줄 수도 없다는 주장은 위험할 수 있다. 아울러 신경과학이 교육에 어떻게 도움을 줄 수 있을지 묻는 것도 위험할 수 있다. 뇌과학이 교육과 학습에 대한 상식적 관점에 어떻게 도전을 제기하는지 생각하는 편이 유용할 것이다.[18]

그러나 그들이 이야기하는 "교육과 학습에 대한 상식적 관점"이 무엇인지는 모호하다. 그들은 신경과학이 이런 관점에 도전하는 사례를 전혀 제시하지 않으며, 교실과 연결될 수 있는 방안을 거의 제안하지 않고 있다. 그들은 교육자와 신경과학자 사이에 공통의 언어가 필요하다고 말하지만, 그들이 사용하는 어휘는 오직 신경 관련 단어들이다. 그들의 책에는 인문학과 사회과학이 제공하는 교육 이론과 그 실천이 바탕에 깔려 있는 연구 기반에 대한 논의가 결여되어 있다. 둘째, 교육에 관여하는 여러 집단, 즉 교사, 학부모, 아이들(이 쟁점을 이해하는 연령대의 아이들)을 참여시키려는 프로그램이 결여되어 있다. 그 대신 그들은 OECD와 왕립학회 보고서와 똑같은 관점으로 교사들에게 신경과학을 도전할 수 없는 권위로 인식시킨다.

OECD의 처음 세 가지 권고사항은 신경과학에 깃발을 꽂는 것 이상의 의미가 없다. 네 번째는 교육의 생물학화에 대해 불편해하는 사람들을 위한 일종의 무마책에 해당된다. 그 뒤부터 비로

OECD 보고서를 요약한 개요는 미래를 위한 8가지 핵심 메시지와 주제를 다음과 같이 제시한다.

1. 교육신경과학은 교육정책과 실천에 도움을 줄 수 있는 가치 있는 새로운 지식을 생성하고 있다.
2. 뇌 연구는 평생학습이라는 폭넓은 목표를 뒷받침하는 중요한 신경과학적 증거를 제공한다.
3. 신경과학은 교육의 더 넓은 혜택, 특히 노년층에 대한 지원을 강화한다.
4. 몸과 마음의 상호 의존에 기반한 전체론적 접근방식의 필요성.
5. 청소년기에 대한 이해: 에너지는 충만하나 조절력이 부족하다.
6. 신경과학적 통찰에 기반한 커리큘럼, 교육 단계와 수준에 대한 보다 향상된 지원.
7. 중증 학습장애(난독증, 계산장애, 치매)에 대한 신경과학의 확실한 기여.
8. 학습을 향상시키기 위한 개인별 맞춤 평가.

소 신경과학 또는 신경과학자들이 실제로 기여할 수 있는 영역을 제시하고 있다. 왕립학회의 권고도 비슷하며, 교육에서 뇌의 역할에 대한 "여섯 가지 핵심적 통찰"을 따른다. 그러나 설령 뇌가 아이들의 학습능력과 직접 관련된다고 해도, 그들은 한 가지를 누락하고 있다. 신경과학자라면 누구나 알듯이 뇌는 몸의 다른 기관보다 많은 에너지를 필요로 하며, 뇌에 공급되는 에너지가 부족하면 학습도 제대로 할 수 없다. 학교에서 무료 급식을 받는 아이들의 수는 점차 늘어나 머지않아 세 명 중 한 명 꼴이 될 것이고, 부모가 부족한 연금에 의지해 생활하거나 단순히 개인적인 문제로 인해 아침을 먹지 못하는 아이들도 많다. 어느 쪽이든 아이들은 배를 곯으며 학교에 가는 셈이다.[19] 영국 대학입학자격시험 응시 학생들에 대한 한 연구는 무료 학교 급식을 먹는 아이들 중 9.7퍼센트만이 합격한 반면, 다른 아이들의 합격률은 26.6퍼센트였다고 지적했다.[20] 왕립학회의 신경교육학자들이라면 무료 조식 프로그램의 필요성을 제기했을지도 모른다. 위가 비어 있는 채로 공부를 하기는 힘들다고 말이다.

모든 신경과학자들이 왕립학회와 OECD의 권고에 휩쓸리지 않았다는 것은 놀랍지 않다. 신경과학의 현 수준이 교실에 적용할 채비가 되어 있지 않다는 회의적인 입장은 언론에 거의 드러나지 않는다. 이런 보도가 실리면 인간 뇌 프로젝트와 같은 엄청난 자원이 위태로워질 수 있기 때문이다. 왕립학회 보고서에 대해 개인적으로 반대를 표명한 사례 중 가장 뛰어난 것은 사람의 뇌에 자기와 전기 자극을 가한 효과를 연구하는 훌륭한 신경과학자 빈센트 월시(Vincent Walsh)의 경우다. 아래에 굵은 글씨로 표시한 그의 논평을 주목해 살펴보라.

1. 천성과 양육 모두 학습하는 뇌에 영향을 준다. **이 문장에서 뇌라는 단어를 지워도 우리는 아무것도 잃지 않는다. 천성과 양육이 모두 학습에 영향을 준다.**
2. 뇌는 가소적이다. **"사람들이 학습하고 변화할 수 있도록" 하자. 우리가 평생 변화의 능력을 과소평가하는 것은 사실이다. 그러나 그것은 핵심 통찰이 아니다.**
3. 보상에 대한 뇌의 반응은 기대와 불확실성에 의해 영향을 받는다. **'뇌의'라는 말을 '사람의'로 바꾸라. 그러면 교사가 할 수 있는 것이 무엇인지 알게 될 것이다(그러나 우리는 이미 그것을 알고 있다).**
4. 뇌는 자기 조절 메커니즘을 가지고 있다. **"사람들이 자기조절의 행동적 방법을 학습할 수 있게" 하자.**
5. 교육은 인지 향상의 강력한 형태다. **교육'은' 인지 향상이다. "교육은…음…교육의 강력한 형태이다."**

6. 뇌를 기반으로 한 학습능력에 개인차가 있다. **우리는 이 문장의 한쪽 끝을 바꿀 수 있다. "학습능력에 개인차가 있다." 또는 "경제, 계급, 기회를 기반으로 한 학습능력에 개인차가 있다."[21]**

오늘날 신경발달에 따른 학습장애를 이해하고 치료하는 데 신경과학의 잠재적 역할을 논외로 한다면, 과연 대부분의 학생들의 학습을 향상시키기 위해 고려할 수 있는 어떤 실질적 제안이 있겠는가? 2014년에 웰컴재단과 교육기금재단(Educational Endowment Foundation, EEF)이 공동 후원하는 지원금을 기대한 몇 가지 방안이 제출되었다. 자선기관인 EEF는 가족의 수입과 교육적 성취의 연결고리를 끊어 내고, 배경과 무관하게 모든 아이들이 자신의 잠재력을 실현하고 재능을 최대한 발휘하게 돕는 것이 목적이다. EEF의 이사들은 사모(私募) 투자 회사의 자선가들로, EEF의 일차적인 수입원이기도 하다. 600만 파운드의 지원금이 6개 프로젝트에 주어졌다. 이중 두 개 프로젝트—하나는 간격학습(spaced learning), 다른 하나는 십대 학생들의 수업 시작 시간 변화에 대한 연구 프로젝트—는 OECD의 권고만큼 직설적으로 "교육신경과학이 가치 있는 새로운 지식을 생산해 교육정책과 그 실행에 도움을 준다"고 명시하고 있다.

교육 연구의 윤리

교육 연구의 윤리는 EEF의 프로그램에 잘 정립되어 있지만 웰컴재단에게는 생소하다. 웰컴이 지원하는 연구 프로그램은 대부분 생의학 분야이며, 고지(告知)에 기반한 동의(informed consent)가 오랫동안 기본 원칙이었기 때문이다. 웰컴은 독자적인 가이드라인을 개발했지만 자신들의 생의학 지원금에 적용되는 기준보다 고지에 기반한 동의에 덜 엄격한 EEF의 기준을 채택했다. EEF의 지침은 다음과 같다.

> 참여자가 고지에 기반한 동의를 해야 하는 것이 일반 원칙이다. 그러나 학교에서는 일상적으로 혁신이 이루어지고, 새로운 접근방식을 시험하고, 항상 비공식적인 평가가 이루어진다. 따라서 연구자들은 아이들을 개입 프로그램이나 검사에 참여시키기 위해 동의를 받을 것인지 여부를 결정해야 할 때, 스스로 판단하거나 통상적인 과정을 적용해야 한다.[22]

그러나 연구자들에게 고지에 기반한 동의가 적절한지 판단을 맡기면, 곧 살펴보겠지만, 이해관계 충돌의 위험이 있다. 더 안타까운 것은 1989년 UN 아동권리협약에 정면으로 위배된다는 점이다. 이 협약은 "어린이에 대한 관점을 변화시켰고, 어린이를 보호나 자비의 수동적 대상이 아니라 명백한 권리를 가진 인간으로 보고 대우해야 한다"고 규정했다. 그에 비해 영국 교육연구협회의 윤리 지침은 UN 협약을 명시적으로 인정했고, 어린이가 (예를 들어) 연구 프로젝트 참여를 원하는지 여부를 스스로 판단할 수 있는 나이인 경우, 기관에 대해 아이의 권리를 보호해야 한다고 밝히고 있다.

간격학습

멀리 19세기에, 심리학자들은 가장 효과적인 기억법—가령 단어들의 목록이나 시간표를 기억하는—이 일정한 간격을 둔 반복 학습이라는 것을 알았다. 그것은 학습을 잠깐 중단하거나 며칠가량의 간격을 두고 다시 학습을 하는 방식이다. 심리학 문헌들을 들먹이지 않더라도 이 방법은 오랫동안 알려진 성공적인 학습 전략이다.

그러나 간격학습 프로젝트는 사람의 학습과 교수의 친숙한 특성에 의거하지 않고 초파리와 쥐 등 다양한 동물종을 대상으로 한 실험실의 기억 연구에서 얻은 추론을 기반으로 삼고 있다. 제안된 프로토콜은 전통적인 45분 수업을 세 차례의 10분 수업으로 쪼개고, 그 사이에 학생들이 저글링, 농구나 모형 찰흙놀이 등을 하며 기분전환을 하도록 요구한다.

처음 10분의 수업은 공부하거나 복습할 내용을 소개하고, 두 번째 수업은 그 내용을 좀 더 정확하게 반복하고, 세 번째에는 학생들이 내용과 연관된 활동을 수행한다. 이 프로젝트는 당시(2007년) 영국 북부의 몽크시톤 학교 교장이었던 폴 켈리(Paul Kelley)가 행한 교수 실험에서 비롯되었다. 그는 〈사이언티픽 아메리칸〉(*Scientific American*)에 실린 NIH의 신경과학자 더그 필즈(Doug Fields)의 논문 "확실하게 기억하기"(Making Memories Stick)에서 영감을 얻었다.[23]

필즈의 논문과 켈리의 프로젝트는 신경과학을 근거로 삼았다. 오늘날 신경과학의 가정에 따르면, 기억은 뉴런 사이의 시냅스 연결의 변화된 패턴 형태로 저장된다. 이러한 변화는 동물들에게 새로운 과제를 훈련시킬 때 실험실에서 관찰할 수 있다. 특정한 냄새가 강하게 날 때 파리에게 전기충격을 가하고 그 파리가 그 냄새나 다른 냄새가 나는 곳으로 날아갈 수 있는 선택권을 주면, 파리는 충격과 관련된 향을 회피할 것이다. 신경과학 용어로, 파리는 냄새-충격 연결(scent-shock association)과 회피반응을 학습한 것이다. 파리가 회피반응을 학습하려면 냄새와 충격 쌍을 여러 차례 반복해야 한다. 이 학습은 빠르고 연속적으로(집중훈련) 이루어질 수도 있고, 휴식 시간을 두고 한 번씩(간격학습) 진행할 수도 있다. 후일 쥐를 대상으로 한 실험에서도 집중학습과 간격학습 사이에 기억 보존에서 비슷한 차이가 있음이 밝혀졌다.

여기까지는 문제가 없다. 신경과학은 충분히 견고하고, 필즈는 비슷한 학습 패턴이 사람에서도 나타날 수 있다는 추론으로 자신의 논문을 맺고 있다. 그러나 특정한 냄새를 회피하는 파리의 훈련과 학생들의 학습, 가령 몽크시톤 학교의 생물학 수업을 결부시키는 것은 엄청난 비약이다. 아무리 초보자라도, 어떻게 냄새와 충격 사이의 단일한 연결을 학생들이 생물학 수업시간에 호르몬이 무엇이고 어떻게 작용하는지 학습하는 것과 연관 지을 수 있겠는가? 동물 실험에서 파리는 불쾌한 경험을 회피하는 법을 배우지만, 교사는 충격요법을 쓰는 것이 아니라 학생들이 의미 있는 지식을 획득하도록 도와주기 위해 노력한다는 점에서 다르지 않은가?

파리와 학생들의 행동을 기술하는 데 학습이라는 같은 용어를 사용하는 것은 그 밑에 내재하는 뇌와 세포 메커니즘이 동일하다는 것을 시사할 수 있지만, 그렇지 않을 수도 있다. 결국 인간과 컴퓨터 모두 기억(메모리)을 가진다고 이야기되지만, 언어의 동일함은 비유일 뿐 과정의 동일성까지 뜻하는 것은 아니다. 어떻게 초파리의 간격학습에 적용시켰던 시간 간격을 교실에서 수업을 반복하는 시간 간격으로 확장시켜 적용할 것인가?

그럼에도 불구하고 켈리 교장과 그의 동료들은 계획을 밀어붙여서 GCSE 생물학 수업을 듣는,[25] 열세 살에서 열다섯 살 사이의 학생들 집단을 대상으로 3회의 간격학습 실험을 수행했다.[24] 실험에 참여한 학생과 학부모에게는 모두 고지에 기반한 동의를 받았다. (연구자들이 실험에 동의한 사람들의 백분율을 보고하지 않았기 때문에, 대부분의 사회과학자들은 교사와 연구자의 제도적 권력을 감안할 때, 학생과 학부모 들이 동의를 거절하는 것이 분별없는 행동으로 보일지 모른다고 생각했을 수 있다고 우려했다.) 며칠 후 학생들은 얼마나 기억을 잘하는지 알아보기 위해 "중대한 이해관계가 걸린" 선다형 시험을 보았고, 그 결과를 일반적인 4개월 학기로 같은 수업을 받은 대조군 학생들과 비교했다. 일반 수업을 받은 학생과 간격학습을 한 학생 모두 선다형 시험에서 무작위로 답한 경우보다 좋은 점수가 나왔지만(이것은 별반 놀랍지 않다) 두 그룹의 점수에는 아무 차이도 없었다. 그럼에도 불구하고 연구자들은 실험이 성공했다고 주장했고, 학생들이 한 시간의 간격학습으로 4개월의 전통적인 학습과 같은 양을 학습했다고 결론지었다.

그러나 한 학생은 이렇게 말했다. "생물학의 전체 내용에 대한 개괄은 약 12분 만에 끝났어요. 신경계, 영양부족, 호르몬과 월경주기, 약품, 병원균으로부터의 방어 등의 내용을 담은 슬라이드가 분당 일곱 장에서 여덟 장의 속도로 어지러울 만큼 휙휙 지나갔습니다.…결국 수업을 통해 내 머리 속에 남은 것은 한 편의 영화였지요."[26] 우디 알렌(Woody Allen)이 했던 이런 말과 다름없었다. "속독 코스에서 《전쟁과 평화》를 20분 만에 독파했다. 그리고 나는 러시아에 빠져들었다." 인지심리학자 피터 브라운(Peter Brown)과 그의 동료들이 최근 저서 《어떻게 공부할 것인가》(*Make it Stick*, 와이즈베리)에서 말했듯이, 많은 교육 및 행동 연구는 간격을 둔 반복 학습이 여러 가지 효율적인 학습 전략 중 하나일 수 있음을 보여 주었다.[27] 그러나 수사적인 신경과학적 근거로 이 학습 방법에 투자하는 것은 또 하나의 지나친 억지다.

십대의 수면

웰컴재단과 EEF가 지원한 두 번째 프로젝트는 십대의 뇌에 관한 것이었다. 1990년대 이래 신경과학은 십대의 일탈적·반항적, 그리고 위험스런 행동의 생물학적 근거를 뇌의 미성숙에서 찾았다. 이러한 연구 중 하나가 십대들이 늦게까지 잠을 자지 않고 아침에 일어나기 힘들어서 학교에 가도 수업에 집중하지 못하는 현상에 대한 것이다. PISA 순위가 문제가 되면서, 십대의 뇌를 조정해 행동을 교정하기 위한 정책 개발 연구는 정치적인 문제로 부상했다. 이 연구의 목표는 수업시간을 늦추고 수면 교육 프로그램을 결합시키는 방법이 십대의 교육적 성취에 미치는 영향을 평가하는 것이었다.

십대의 뇌 개념 배후에 있는 신경과학은 대부분의 뇌 발달이 사춘기에 이루어짐에도 불구하고, 뇌의 일부 영역—특히 이마 바로 뒤편에 위치한 상당히 큰 조직인 전두엽피질(PFC)—은 20대가 될 때까지 완전한 성장에 도달하지 않는다는 발견을 토대로 한 것이다. PFC는 복잡한 인지행동, 의사결정, 그리고 사회적 행동의 조절과 연관된 영역이다. 청소년기의 미성숙한 뇌가 (OECD가 경멸적으로 기술했듯이) 힘은 넘치는데 조절이 되지 않는 이유 중 하나라는 주장도 그런 근거를 기반으로 한다. 십대는 육체적으로는 성숙한 것처럼 보이지만 3장에서 다룬 솔리헐 프로그램에 따르면, "위험을 감수하고, 충동적이고, 감정에 치우치고, 반항적이고, 통제되지 않고, 산만하고, 늦되는" 이유가 덜 발달한 PFC 때문이라는 것이다. OECD의 비유는 십대의 뇌에 대한 많은 연구에서 똑같이, 그러나 더 진지하게 되풀이되고 있다.

수면 연구자들은 유년기에서 벗어나 생리적·정서적 변화를 받아들이는 과정의 일부로 청소년기에 하루 9시간의 수면이 필요하다고 주장한다. 그런데 다른 신경과학자들은 또 다른 설명을 내놓는다. 청소년기에 사람의 수면/각성 패턴을 기술하는 24시간 주기 리듬이 '저녁형'(eveningness)으로 바뀌어, 늦게 잠자리에 들고 늦게 일어나는 '십대의 수면'은 청소년기 신경생물학의 고유한 특징이라는 것이다. 따라서 19세기와 20세기 초 산업화된 영국에서 공장 문 앞에서 출근카드를 찍어야 했던 노동계급 젊은이들의 모습과는 다른 셈이다.

그런데 역사가와 사회학자들은 다른 설명을 내놓는다. 그들은 '십대'라는 범주가 20세기 초까지 아예 존재하지 않았다고 지적한다. 청소년기도 있고 십대의 연령층에 해당하는 청소년도 있었지만, 성인의 관행으로부터 문화적으로 독립하며 십대의 새로운 정체성이 나타난 것은 1920년대였다. 십대라는 말은 미국에서는 1940년대에, 영국에서는 그로부터 10년 이내에 보편적으로 사용되었다. 새로운 정체성이 출현한 까닭은 늘어나는 부와 산업 국가들의 대두에서 부분적으로 찾아볼 수 있다. 부모들이 점차 아이들에게 넉넉한 용돈을 주면서, 시장은 십대의 호주머니에서 나오는 달러로 새로운 기회가 열렸음을 금방 알아차렸다.

십대 문화가 탄생하는 데 크게 기여한 두 가지 요소가 있었다. 요절한 제임스 딘(James Dean)의 〈이유 없는 반항〉(Revel Without the Cause)은 십대 문화의 중요한 아이콘 중 하나였으며, 십대의 불안한 마음을 포착했다. 또 하나의 우상이었던 엘비스 프레슬리(Elvis Presley)는 흑인 음악과 백인 음악의 경계를 파괴했고, 성감을 자극하는 춤과 독특하고 새로운 복장을 도입했다. 그의 음반 판매고가 치솟자 의류 산업은 프레슬리 스타일을 부지런히 그리고 성공적으로 판매했다. 그와 함께 생물학적 청소년기 역시 문화적 십대가 되었다. 다시 말해 문화적 가치와 형식의 변화뿐 아니라 행동의 변화도 뇌 속에서 일어나는 변화에 상응한다.

십대의 수면 패턴을 신경화하려는 끈질긴 집념으로, 웰컴 프로젝트는 청소년의 수업 시작 시간을 영국의 표준 수업 시작 시간이었던 9시에서 10시로 변화시키면 어떤 효과가 있을지 연구했다. (흥미롭게도 몽크시톤 학교에 간격학습을 도입했던 폴 켈리 교장도 수업 시작 시간을 9시에서 10시로 한 시간 늦추는 계획을 시도했으며,[28] 현재 웰컴재단의 지원으로 간격학습과 십대 수면 실험 두 가지를 수행하는 연구팀에 속해 있다.) 이 연구는 영국에서 처음 제안되었지만, 미국에서 폭넓게 적용되었다. 2010년에 미국의 43개 주에서 43개 학교가 수업 시작 시간을 늦추었다. 그런데 미국의 경우는 영국의 제안과 큰 차이가 있었다. 미국은 대개 수업이 7시 15분에 시작하며, 늦춰진 시간은 7시 45분에서 8시 30분까지 다양했다. 2014년에 미국 소아과학회(American Academy of Pediatrics)는 공식적으로 수업을 8시 30분에 시작하도록 권고했다. 즉 청소년의 생물학적 주기에 따른 지연이 영국의 일상적인 수업 시작 시간보다 30분 일찍, 그리고 영국에서 한 시간 늦춰진 시간보다는 1시간 30분 빠른 시간으로 결정된 것이다!

대서양 양편의 두 나라에서 나타난 이러한 차이의 신경과학적 근거를 상상하기는 힘들다. 미국 문화가 유럽과 다르게 십대의 뇌를 변화시킨다는 점을 제외하면 말이다. 그러나 신경과학자들이 십대의 '저녁형' 리듬에 적응하려 한 시도는 사회 세계를 십대의 생물학적 요구라고 이해한 것에 적응시키려 한 첫 번째 시도일 것이다. 하루 24시간 일주일에 7일 연중무휴로 일하는 고된 상황에서, 그리고 일부 사람들은 정오까지 잠자는 쪽을 원한다는 점을 감안하면, 엄마와 아빠가 일하러 가 버린 늦은 시간에 누가 십대를 깨워 학교에 보낼 것인가?

간격학습과 십대 수면의 두 연구 프로젝트는 증거 기반 교육 실행을 위해 계획되었고, 의사이자 보건 연구자인 아키 코크레인(Archie Cochrane)이 선구적으로 연구한 무작위통제실험(random control trial, RCT)의 정량적 모형을 기반으로 설계되었다. 이후 비슷한 연구들이 모두 메타분석으로 설계되었다. 이 연구들의 성공 여부는 참여자의 시험 결과로 측정될 것이다. 그러나 이것은 하나의 척도일 뿐이다. 질적인 연구도 중요하며, RCT는 성공적인 실행을 평가하는 유일한 도구가 아니다. 공중보건 전문가인 마크 페티크루(Mark Petticrew)와 의료사회학자 헬렌 로버츠가 주장하듯이,[29] 증거에는 위계가 없다. 연구방법에는 RCT와 비용편익분석과 같은 정량적 접근과 정성적 연구, 그리고 부분적으로 두 방식을 적절히 조합한 접근도 포함될 수 있다. 간격학습을 평가하는 연구방법은 제기되는 물음에 따라 선택되어야 한다. 앞으로 살펴볼 수파르나 처드허리(Suparna Choudhury)의 십대 연구처럼 질적 연구가 없는 경우, 간격학습과 십대의 수면은 정량적 상자들만 건드리고 말 것이다.

그렇다면 십대의 관점은?

잠들어 있든 깨어 있든, 십대는 대중 과학서 분야에 쏟아져 나오는 신경담론(neurotalk)의 초점이 되고 있다. 이런 담론들은 마약에서 교통사고, 십대 임신과 성병 등 십대의 위험스러운 행동의 원인을 자신 있게 그들의 뇌로 돌리곤 한다. 이처럼 대중화된 신경담론이 찾는 대상은 과거에는 부모와 교사들이었지만, 이제는 십대 자신이 표적이 되었다. 여기에 내재된 가정은 자신들의 뇌가 어떻게 작용하는지, 느리게 발달하는 전두엽피질과 그 가소성을 알게 되면, 십대들이 자신에 대해 생각하는(새로운 주관성을 수립하는) 새로운 방법을 알 수 있을 것이라는 생각이다.

비판적 신경과학자인 수파르나 처드허리와 그의 동료들은 런던의 십대 여학생들이 신경과학의 담론을 어떻게 받아들이는지 조사했다. 여학생들은 신경담론을 스펀지처럼 무비판적으로 빨아들이지 않았다. 76퍼센트가 신경과학자들이 이야기하고 언론 매체들이 정형화된 형태로 증폭시켜 그 다양성을 보는 데 실패했던 '십대의 자아'(teen self)를 인식했다. 그러나 그들은 그 개념이 왜 자신들이 대부분의 시간 동안 그토록 많은 일에 관여하는지, 자신들의 사회생활 기술이 얼마나 빨리 발달하는지, 그리고 어떻게 많은 목표들이 합리적으로 조직되고 달성되는지 제대로 설명하지 못한다고 생각했다. 여학생들은 파티와 전 과목 A학점이 모두 가능하다고 주장했다. 결코 양자택일의 문제가 아니라는 것이다. 연구자들은 "정형화가 논의를 진행하는 수사"였고, 십대들의 관점에서 자신들에게 적용된 정형화는 지나치게 부정적이었다.

십대들은 호르몬을 제외하면 거의 생물학을 들먹이지 않고 개인적이거나 사회적인 경험을 통해 행동과 정신건강의 주제들을 설명했다. 십대를 "에너지는 충만하나 조절력이 부족하다"고 범주화했던 OECD의 교육 보고서 작성 팀이 이런 십대와 토론을 했더라면, 그들의 보고서가 그렇게 가부장적이고 일차원적이지 않았을 것이다. OECD, 그리고 선의로 이런 보고서를 작성한 신경과학자들은 아직도 일방통행로를 달리고 있는 것 같다.

신경과학과 신경다양성

많은 어린이들이 직면하는 학습장애의 원인은 그들이 태어난 세계에 있다. 빈곤과 불안한 주거, 스스로 많은 문제가 있는 부모, 그리고 기아와 같은 문제들이 교육이 요구하는 평온, 관심, 포부를 저해한다. 그러나 이러한 전반적인 배경 이외에 읽고 쓰는 능력, 숫자 계산, 다른 사람을 이해하고 관계를 맺는 능력에서 특별한 학습장애—난독증, 계산장애, 자폐증으로 분류될 수 있는—를 가진 소수의 아이들이 점차 식별되고 있다.

교육학자와 신경과학자 들은 이런 아이들의 특성을 '비전형적'(atypical) 인지라는 범주로 분류했고, 이 명칭은 신경전형적

(neurotypical) 다수와 대비되는 신경다양성(neurodiversity)의 기치 아래 당사자들이 스스로 받아들이고 있다. 신경다양성은 모든 사람의 뇌가 같은 방식으로 작동하지 않는다는 사실을 존중하며, 자기 자신이나 서로를 가리켜 "약간 아스피*야" 또는 "조금 난독증이 있어"라는 식으로 이야기하는 사람을 찾기는 그리 힘들지 않다.

신경다양성에 해당하는 사람들 수는 추정하기 어려우며, 그 범주와 경계 역시 계속 바뀌고 있다. 어떤 아이를 난독증, 계산장애, 자폐증으로 진단하는 기준은 대체로 교육학이나 행동학의 관찰에 근거한다. 영국 난독증협회 웹사이트에 따르면, 아동과 성인의 10퍼센트가량이 난독증과 연관된 읽기의 어려움을 겪고 있다. 계산장애에 해당되는 사람들은 6퍼센트 정도다. 영국 자폐증협회에 따르면, 자폐스펙트럼장애(autism spectrum disorder, 과거에 아스퍼거증후군이라 불렸던 증상을 포괄하는 넓은 범주이다)는 고작 전체의 1퍼센트에 불과하다. 일부 희귀 유전자 변형이 연관된다는 사실이 밝혀졌지만, 명확한 생물학적 표지는 없다. 신경과학과 유전학의 환원주의 공세로 단순한 생물학적 설명을 찾으려는 노력이 탄력을 받고 있지만, 이처럼 통합된 병명들에 가려진, 사고와 행동 방식의 복잡성과 다양성은 진단을 둘러싼 논쟁을 야기한다. 그렇

* 아스피: 아스퍼거증후군을 뜻하는 속어이며, 아스퍼거증후군은 자폐증의 한 종류다.

다면 교육신경과학은 아이들 자신과 그들의 부모, 그리고 교사들에게 진단이나 지원의 측면에서 어떤 도움을 줄 수 있을까?

한 가지 특징은 대부분의 진단이 여자아이들보다 남자아이들에서 더 흔하게 나타난다는 것이다. 예를 들어, 난독증은 남자아이에게서 5배나 더 많이 나타난다. 사회적 젠더화의 효과를 간과하는 행동유전학자들은 이런 차이를 양성(兩性)의 유전적 차이, 즉 남자(XY)는 X염색체가 하나인데 비해 여자(XX)는 두 개라는 사실로 돌린다. 여성의 경우 두 개의 X염색체 중 하나가 정상이고 다른 하나에 난독증 경향이 있는 유전적 변형이 있다면, 정상 염색체가 변형 유전자를 무시할 수 있다. 그러나 남성의 경우 여분의 정상 X염색체가 없기 때문에 선택의 여지가 없다는 것이다. 이런 설명은 배런코헨이 "본질적인 차이"라고 부른 것의 일부이다.

난독증

유전자 변형 중에서 이런 학습장애의 강한 전조가 되는 것이 없기 때문에, 최근 인지신경과학자들 사이에서는 자폐증, 난독증, 계산장애를 신경발달장애로 보는 추세다. 즉 그 원인을 유전적 계통 대신 아이의 발달이 진행되는 형성 과정의 후성적 요인과 환경 원인에서 찾는 것이다. 유전에서 원인을 찾는 이론의 부수적인 문제점은 난독증이 노동계급보다 중산층의 아이들에서 더 자주 진단된다는 역학적 증거에 있다. 이러한 계급 차이는 중산층 아이들의 성적이 낮은 이유를 세련되게 해명하는 방법이 아닌지 얼마간 의심을 사기도 했다.

신경과학자들은 이런 우려를 불식시켰다. 그들은 읽고 쓰는 어려움에 내재하는 뇌의 메커니즘을 밝히는 것이 초점이었다. 19세기 이후 뇌의 왼쪽 반구의 특정 영역에 손상을 입으면 말을 하거나 알아듣는 능력에 영향을 받을 수 있다는 사실이 알려졌고, 신경학자들은 실독증(失讀症, 읽기가 어려운 증상), 실서증(失書症, 글을 쓸 수 없는 증상), 실어증(失語症, 말을 하기 힘든 증상) 등 다양한 증상의 원인을 찾으려고 시도했다. 그러나 fMRI가 등장해 읽기와 연관된 여러 서브루틴이 진행되는 동안 뇌의 어느 영역이 활성화되는지 알 수 있게 되기까지 그런 시도는 성공하지 못했다. 성인들의 경우, 왼쪽 뇌반구의 전두부와 측두부의 시각단어형태영역(visual word-form area)이라는 곳에 있는 뉴런들의 연결망이 정상적인 읽기에 관여한다. 이 뇌 영역을 찾아내자 연구자들은 (전통적인 생의학적 전략을 채택해서) 읽기에 어려움을 겪는 아이들에게서 이런 영역이 어떻게 반응하는지 물을 수 있게 되었다. 복잡한 세

부사항을 건너뛰고, 연구의 개괄적이고 그리 놀랍지 않은 결론을 살펴보면, 일반적으로 읽기를 배우는 아이들에 비해 난독증을 가진 아이에서 이 영역의 일부가 덜 활성화되거나 다른 활동이 일어난다는 것을 알 수 있다.[31] 난독증이 있는 좀 더 나이든 사람들은 다른 뇌 영역을 끌어들이는 보상전략(compensatory strategies)을 구사한다는 것이 드러났다.

영상장치를 통한 연구의 다음 단계는 어떻게 교육이 읽고 쓰는 능력을 향상시키면서 동시에 뇌의 반응을 교정할 수 있는지 탐구하는 것이다. 한 개입적 연구에서 난독증을 가진 7세 아이에게 8개월 이상 매일 발음법과 철자법을 중심으로 집중 치료 교육을 했다. 그 결과 읽기 능력이 향상되고 시각단어형태영역의 신경활동 수준도 증가해, 뇌의 기능적 연결성이 교정될 수 있으며 좀 더 능숙한 읽기 능력을 가진 사람과 비슷해질 수 있음을 보여 주었다.[32] 연구자들은 교정 없이 난독증 환자들이 발전시키는 보상 전략이 뇌의 좀 더 많고 넓은 영역들의 활동을 필요로 하며, 따라서 더 효과적이라고 주장한다. 이런 상관관계는 읽기에 관여하는, 난독증에서 장애를 일으키는, 뇌 메커니즘에 대한 이해를 더 높여준다. 그러나 연구자들 자신이 인정하듯이, 이러한 신경과학적 발견들이 집중 치료 교육으로 아이들의 읽기 능력을 향상시킬 수 있다는 지침을 주는 것은 아니다.

계산장애

인류학자들이 연구했듯이, 사람들이 수를 사용하는 방법은 무척 다양하지만 대부분의 문화에서 수를 이해하고 셈을 하는 능력은 중요하다. 비단 이것은 사람에게만 국한되지 않는다. 사람이 아닌 여러 생물종, 우리의 진화적 친척인 영장류뿐 아니라 비둘기와 닭도 셈을 할 수 있다. 가령 비둘기에게 먹이를 보상으로 색등(色燈)을 비추면 다섯 번 쪼는 훈련을 시킬 수 있다.

수를 세는 것은 여러 용도에 쓰인다. 가장 분명한 것은 '많음'(numerosity)이라 불리는 특징으로, 가령 손가락 숫자를 셀 수 있고 상대적인 수량—사과 다섯 개가 네 개보다 많다—을 아는 것이다. 또 다른 능력은 책의 쪽수에서 100쪽은 99쪽보다 큰 것이 아니라 순서에서 그다음에 온다는 식으로 순서를 아는 것이다. 읽고 쓰는 능력과 함께 심리학자와 교육자들 모두 오랫동안 학생들이 어떻게 산수를 배우는지 연구해 왔고, 심지어 아기들이 얼마나 오래 사물이나 화면을 응시하는지 관찰하는 방법으로 많음과 서수(序數) 능력이 어떻게 발달하는지 연구했다. 아기들은 익숙한 것보다는 새로운 사물이나 패턴을 오래 응시하면서 새로움에 반응한다. 생후 1주일 된 아기에게 똑같은 물건을 두 개 보여 준 뒤 다른 물건을 보여 주면, 아기들은 새로운 물건에 주의를 기울여

수의 차이를 표현한다. 즉 아기들도 많음을 구별할 수 있다.

그러면 뇌의 어느 영역들이 이런 능력에 관여하는가? 인지신경과학자 브라이언 버터워스(Brian Butterworth)가 요약한 내용에 따르면,[33] 성인에서는 전두엽과 측두엽에서 세 곳의 뇌 영역이 수와 산술에 특히 중요하며, 이 영역에 손상을 입으면 계산장애가 올 수 있다고 한다. 어린 아기들의 경우 많음을 구분하는 데 관여하는 뇌 영역은 3장에서 기술했던 EEG 머리그물처럼 비침습적인 방법을 사용해 뇌의 반응을 기술한다. 3개월 된 아기는 처음에 두 개의 사물을 보여 주고 그다음 세 번째 사물을 더하면, 오른쪽 측두엽에서 뉴런 신호의 변화가 있다. 이곳은 성인이 많음을 처리하는 데 쓰는 영역과 같다.

수학적 능력은 어른과 아이에 따라 다르며, PISA 순위가 보여 주듯이 선진국에서도 나라마다 차이가 있다. 가령 중국과 영국은 교수 방법과 자원의 투자에서 서로 다르다. 수학 성적이 낮은 사람을 계산장애와 같은 특정 장애로 분류해 학습장애 목록에 추가한 것은 비교적 최근의 일이다. 버터워스는 계산장애를 신경발달장애로 보며, 산수 점수가 낮은 이유가 수의 많음을 처리하는 데 핵심적인 문제가 있기 때문이고, 이러한 이상은 부분적으로 유전된다고 보았다. 7세의 계산장애 아동이 수학 과제를 수행할 때 뇌의 영상을 촬영하자, 평균적인 수행 능력을 가진 아이들에 비해 전두엽과 측두엽이 덜 활성화되었다. 읽고 쓰는 능력 검사에서는 영상 분석이 예측적 가치를 가질 수 있으며, 미래에는 구체적인 치료법이 개발될 수 있음을 시사했다.

이런 발견은 신경과학자들을 매료시키며, 많은 교사들은 그들의 관찰 결과를 교실에 적용시키는데 열광적이지만, 이러한 열광주의를 신중하게 살피는 것이 중요하다. 난독증과 계산장애가 구체적인 신경학적 상관관계를 가진다는 사실을 인정하더라도, 이러한 상관관계가 교수 전략을 설계하는 데 도움이 될 수 있다는 것을 어떻게 알 수 있을까? 앞에서 설명했던, 집중적인 일대일 읽기 학습이 포함된 난독증 교정 프로그램의 예를 들어 보자. 이 교정법은 프로그램을 개발하는데 신경학적 이해를 전혀 요구하지 않으며, 그 성공 여부는 난독증을 가진 아이의 발달 문제가 뇌에 있든 엄지발가락에 있든 아무 상관이 없다. 브루어가 20년 전에 주장했듯이, 신경과학과 인지심리학, 인지심리학과 교육 사이에 다리를 놓는 것은 가능하다. 그러나 신경과학과 교육을 연결하려는 시도는 아직도 너무 무리다.

신경과학의 역할에 대한 가장 강력한 논변은 이런 증상이 '실재'임을 확인할 수 있는 구체적인 뇌의 차이를 발견할 수 있다는 주장이다. 이런 상황에서 신경교육이 교육자들에게 도움을 줄 수 있다는 주장을 뒤집어 생각해 볼 필요가 있다. 교사들이 특정한 학습장애를 가진 아이들을 식별했을 때, 그들은 본의 아니게 신경과학자들에게 읽고 쓰는 능력이나 수 이해 능력과 관련된 뇌의 메커니즘을 이해할 수 있는 기회를 제공하는 것이다. 신경과학이 교사들에게 뇌에 대해 교육시키는 일방통행 신호를 거꾸로 돌려서, 교사들이 신경과학자들에게 협력하는 데 그치지 않고 신경과학자들을 교육시킬 수 있게 해야 한다.

대중의 참여

이 책의 관점이 비판적이기 때문에 지금이 신경과학자들—최소한 연구비나 직업을 구하는 사람들—에게 황금기라는 사실을 인식하지 못한다면 큰 실수를 범하는 것이다. 젊은 신경과학자들은 오랜 훈련과 기술에도 프레카리아트 계급으로 떠밀리는 데 면역이 되지 않았으니 말이다. 단일 유전자, 시냅스, 그리고 뉴런에 이르기까지 살아 있는 뇌의 작동 모습을 볼 수 있고 조작 가능하게 만드는 기술은 해묵은 물음에 답을 주면서, 동시에 과거에는 생각할 수도 없었던 전혀 새로운 물음을 제기한다.

유럽과 미국의 대규모 프로젝트 HBP와 BRAIN으로 한껏 기운을 얻은 새로운 신경기술 덕분에 행동을 예측하고, 망가진 뇌를 수선하고, 작동하는 뇌를 변화시키고, 생각이나 의도를 읽고, 심지어 새로운 세대의 로봇을 위해 컴퓨터 뇌를 창조하는 상상도 가능해졌다. 따라서 많은 사람들이 이 불가사의하지만 흥분되는 세계 바깥에 있는 사람들과 자신들의 연구에서 얻는 큰 즐거움을 나누고 싶어한다는 것은 그리 놀랄 일이 아니다. 오늘날 광우병에서 MMR까지 거듭되는 재난과 추문으로 과학에 대한 신뢰가 위기에 처하자, 왕립학회에서 전문가 단체까지 영국의 과학 기구들은 (국방 분야에서 연구하는 사람들을 제외하고) 과학자들에게 책을 저술하고, 과학 프로그램을 조직하고, 과학 축제를 지원하도록 격려하고 있다.

사회학자인 해리 콜린스(Harry Collins)가 주장했듯이,[1] 전문가로서의 과학자는 여전히 존경받지만, 잘못된 대상에 대한 맹종은 후퇴하고 활기찬 다수 대중의 참여로 대체되고 있다. 특히 자신들의 경험에 기반한 지식의 경우, 대중은 자신들에게 제공되는 지식에 적극적으로 참여한다. 그러나 '2천 년대'에 전성기를 맞이한 후 대중의 과학 참여는 힘을 잃었다. '참여'라는 개념은 인정보다 더 나아간 무엇으로 희석되었고, 종종 오히려 '광고'라 불리는 편이 맞을 만큼 도용되기도 했다. 대학은 무료 강연을 하고 과학실험실을 개방하며 예술과 과학 전시회 등을 연다. 자신들을 위해 세금을 내는 대중에게 문을 여는 것은 환영할 만한 일이지만, '대중 참여' 프로그램이라는 명목 아래 이루어지는 이러한 활동은 (종종 그렇듯이) 진의가 의심스럽다. 대중은 손님, 청중, 구경꾼으로 초청받지만, 2장에서 서술했듯이 "[일반인들에게] 복잡한 과학 분야의 정책 개발에서…이끌어가는 전대미문의 기회가 되었고…참여적 정부로 나아가는 획기적 진전"을 이루었던 '마음의 회합'(Meeting of Minds)에서처럼 적극적 역할은 주어지지 않았다.

신경과학이 조기개입과 교육으로 확장되면서 교육 연구에 필수적인 기존 분야 및 학문 분과들과 협력하며 다른 사람들의 전문성, 그리고 신경과학을 뒷받침해 주는, 주로 인문학과 사회과학에서 수행된 많은 연구에 약간의 겸손을 표현할 필요가 있었다. 게다가 신경과학자들은 특정 프로젝트와 밀접하게 관련되는 폭넓은 대중들과 관계를 맺어야 한다. 따라서 조기개입 프로젝트는 학부모, 돌봄 제공자, 보육원 실무자, 그리고 가능한 경우 아이들 자신들까지 참여시킬 필요가 있다. 이런 참여에서 대중은 단지 정보를 수용하는 수동적인 대상에 그치지 않고 연구 설계에 참여해 의견을 피력하고 자신의 경험을 들려주는 역할을 하며, 참여하거나 또는 참여를 거절할 권리도 보장받는다.

희망과 과대광고, 그리고 신자유주의

유전학처럼 시기적으로 앞선 다른 생명과학들과 마찬가지로 뇌에 대한 이해가 늘어나며 희망과 과대광고가 수반되었고, 순종적인 언론이 이런 기대를 증폭시켰다. 오늘날 신자유주의 경제에서 희망과 과대광고는 신자유주의 사회의 요구에 순응하고 그 요구를 낳도록 돕는다.

개인의 뇌에 초점을 맞추는 신경과학의 방법론은 집단보다는 개인에게 관심을 갖고, 자기 의존 및 성공에 대한 열망과 의지를 강조하는 공공정책의 기조와 함께 신자유주의에 부합한다. 신자유주의 경제에서 정신 자본의 저장고로서의 뇌(뇌를 가진 아이가 아닌)가 자원으로 간주되며, 부모는 그들의 뉴런과 뇌 가소성이라는 마술로 자녀를 빈곤에서 구해 내도록 요구받는다. 종종 잘못 이해되거나 지나치게 외삽된 신경과학적 통찰이 조기개입 프로젝트를 뒷받침하는 근거로 남용된다. 그런 프로젝트에는 사적 부문의 참여자들이 제공하는 패키지들도 포함된다. 학교는 청하지도 않았는데 두뇌 체조, 신경훈련 프로그램, 그리고 VAK 학습 양식 등의 수상한 장점을 내세우는 온갖 광고들로 포위되었다.

다양한 뇌를 가진 아이들을 연구하는 신경과학자들이 크게 기여하고 있지만, 신경다양성에 해당하는 아이들이 읽고 쓰는 능력과 수 이해력이 중시되는 과학과 기술 세계에서 잘 살아가도록 돕기 위한 필수 조건은 신경다양성을 인정하고 받아들이는 것이다. 그들이 '저녁형' 십대 뇌라고 부른 것에 맞추도록 수업시간을 늦추는 방식으로 사회적 맥락을 바꾸자는, 신경과학 기반 제안은 아직 연구 결과를 기다려야 하지만 십대를 위한 조치로 이해되어야 한다. 이름붙이기나 의료화의 문제가 전혀 없는 것은 아니지만, 이러한 시도는 사회 문제나 정치적 쟁점을 해결하기 위해 신경과학을 이용하는 긍정적 사례들이다. 이들 사례는 좀 더 많은 신경과학자들이 스스로 신경다양성의 편에 서고, 기꺼이 그들의 실험대상자들의 역량을 강화할 수 있는 방식으로 사회 세계를 고찰할(바라건대 변화하도록 도울) 필요성을 강조한다.

지식인의 비관론과 의지의 낙관론?

그러나 이런 작은 개입은 빈곤과 불평등이라는 엄청난 문제에 직면하면 빛이 바랜다. 주거 환경이 불안하고 영양부족에 걸린 아이들이 공부하고 학습하기 어렵다는 것을 알기 위해 뇌의 작동방식을 이해할 필요는 없다. 정부가 수입을 무시하는 대신 실직과

총체적 무책임함이라는 요인을 포괄해 빈곤을 재정의했지만, 상위 1퍼센트는 더 부유해지고 빈민들은 더 깊은 빈곤의 수렁에 빠져 아무것도 할 수 없는 통제 불능의 상황이라는 낙인이 찍히고 있다. 영국에서는 보조금 삭감과 세액 공제 폐지 제안 지연으로 인해 무료 급식소나 아침을 굶고 학교에 가는 아이들이 늘고 있다. 이러한 정치경제학과 심각한 불평등의 상황 속에서 소수의 아이들은 날로 커지는 특권을 향유하며 성장하면서 자신이 누리는 것이 정당하다고 여긴다. 반면 프레카리아트 계층의 아이들은 더 가난해지고 스스로에 대한 자신감을 잃어가고 있다.

고삐 풀린 자본주의는 전혀 비난받지 않고, 오히려 이 이데올로기는 부모를 탓한다. 부모가 모자라고, 정신 자본이 결여되고, 양육 기술이 형편없고, 아이들을 위한 열정이 불충분하다는 것이다. 이런 아이들이 국가에 부담이 되지 않게 하기 위해, 토리당은 "무언가 조치를 취해야 한다"고 주장한다. 그들은 이러한 도덕적 결핍을 설명하고 그것을 상쇄할 프로그램을 고안하기 위해 신경과학의 통찰력(그것이 실재이든 상상이든)에 호소했다. 장기간의 많은 지원을 받는 개입 프로그램들이, 신경과학에서 흔한 신화적인 가정들과 무관하게, 약간의 도움이 될 수도 있지만, 대부분은 실패를 거듭할 것이다. 공공 정책의 언어는 배제를 목표로 삼으며, 그것은 보편주의와 연대의 언어가 아니다.

우리는 이 책을 여러 가지 의미로 읽힐 수 있는 다음과 같은 물음으로 시작했다. "신경과학이 우리의 마음을 바꿀 수 있을까?" 이 새로운 테크노사이언스의 부상과 그것을 둘러싼 공공 정책의 야심을 열거하면서, 우리가 생각하는 함축적인 답은 어쩔 수 없이 모호했다. 긍정과 부정을 동시에 이야기하는 것은 타협이 아니라 과학과 사회의 상호 형성에 대한 우리의 전반적인 관점을 고쳐 말하는 것이다.

우리가 제기했던 물음을 가능한 문자 그대로 읽으면, 생각과 느낌을 변화시키기 위해 화학적·물리적 수단을 생산하는 과학은 분명 우리의 마음을 변화시킨다. 좀 더 미묘하게, 다른 테크노사이언스들과 마찬가지로, 신경과학은 우리 문화, 즉 우리의 의식을 변화시키며 동시에 그에 의해 영향을 받는다. 신경과학이 아동 발달과 교육에 미치는 영향에 대한 우리의 비판은 두 가지다. 첫째, 신경과학이 뇌 발달과 다양성을 이해하는 데 기여함에도 불구하고 그 문제는 일차적으로 사회적이고 경제적인 것이다. 둘째, 신경과학이 주창하는 호의에도 불구하고, 신경과학만으로는 극도로 시장화된 경제의 필수적 부분이 된 불평등과 박탈의 문제를 완화시킬 수 없다는 것이다. 사회적이면서 정치적인 집단 이해와 행동만이 (숱한 도전에도 불구하고) 앞으로 나아갈 길을 제시한다.

주

서론

1. O'Connor, C. O., Rees, G. and Joffe, H., Neuroscience in the public sphere, *Neuron* 74: 220.6, 2012.
2. Jasanoff, S., *The Co-production of Science and the Social Order,* Routledge, 2006.
3. 이 주제에 대해서는 우리가 쓴 책 《급진과학으로 본 유전자, 세포, 뇌》(김명진 · 김동광 옮김, 바다출판사)를 참조하라.
4. 사회 이론은 의식에 대해 사뭇 다른 이론을 가지고 있으며, 의식을 사회관계의 산물로 본다.
5. Healy, D., Conflicting interests in Toronto: anatomy of a controversy at the interface of academia and industry, *Perspectives in Biology & Medicine* 45: 250.63, 2002.

6. '신경테크노사이언스'(neurotechnoscience)라는 말이 너무 길어서 이후에는 '신경과학'(neuroscience)으로 줄여서 사용할 것이다. 마찬가지로 '신경과학들'이라는 명칭도 단수로 취급해 '신경과학'으로 사용한다.

7. Rapp, R., A child surrounds this brain: the future of neurological difference according to scientists, parents and diagnosed young adults, *Advances in Medical Sociology* 13: 3.26, 2011.

8. Vidal, F., Brainhood: anthropological figure of modernity, *History of the Human Sciences* 22: 5.36, 2009.

9. 진화심리학의 형성 과정에 대해서는 우리가 쓴 다음 책을 참조하라. *Alas, Poor Darwin: Arguments against Evolutionary Psychology*, Cape, 2000.

제1장

1. Gould, S. J., *The Mismeasure of Man*, Norton, 1996.

2. Crick, F., The Astonishing Hypothesis: The Scientific Search for the Soul, Simon and Schuster, 1994.

3. Greenberg, G., *The Book of Woe: The DSM and the Unmaking of Psychiatry*, Blue Rider Press, 2013.

4. Sorge, R. E. and twenty others, Olfactory exposure to males,

including men, causes stress and related analgesia in rodents, *Nature Methods* 11: 629.32, 2014.
5. Hyman, S. E., Revolution stalled, *Science Translational Medicine* 4: 155cm11, 2012.
6. 수상돌기와 축색돌기는 신경세포에서 뻗어 나온 섬유상 돌출부로, 각기 입력신호를 받고 출력신호를 전송하는 역할을 한다.

제2장

1. Rose, H. and Rose, S., *Genes, Cells and Brains: The Promethean Promises of the New Biology*, Verso, 2012.
2. Human Brain Project 웹사이트: 개괄 2015년 10월에 참조.
3. Irwin, A. and Wynne, B. (eds), Misunderstanding Science: The Public Reconstruction of Science and Technology, Cambridge University Press, 2004.
4. European Union 웹 아카이브 *European Citizens's Deliberation on Brain Sciences*, 2014년 7월 참조.
5. Markram, H., "Seven challenges for neuroscience", *Functional Neurology* 28: 145-151, 2013.
6. Human Brain Project 웹사이트, 2014년 1월 참조.

7. Calabrese, E. et al., A diffusion MRI tractography connectome of the mouse brain and comparison with neuronal tracer data, Cerebral Cortex, doi:10.1093/cerecor/bhv121, 2015.
8. Sample, I., Scientists digitise rat's brain–and a supercomputer's whiskers twitch, *Guardian*, 9 October 2015.
9. 윤리 논쟁에 대한 개괄과 소개는 다음 문헌을 보라. Poldrack, R. A. and Farah, M., Progress and challenges in probing the human brain, *Nature* 526: 371–379, 2015.
10. Hugh Herr (MIT), 다음 매체에서 인용. *Financial Times*, 23 February 2013.
11. Waldrop, M. M., Computer modelling: brain in a box, *Nature* 452: 456–458, 2012.
12. Editorial, *Nature* 511: 125, 2014.
13. Madelin, R., No Single Roadmap for Understanding the Human Brain, European Commission, 웹 아카이브, 18 July 2014.
14. Fregnac, Y. and Laurent, G., Where is the brain in the Human Brain Project? *Nature* 513: 27–28, 2014.
15. Editorial, Rethinking the brain, *Nature* 519: 389, 2015.
16. Haraway, D., Otherworldly conversations; terran topics; local terms, *Science as Culture* 3: 64–98, 1992.

제3장

1. OECD, *Understanding the Brain: The Birth of a Learning Science*, 2007.
2. Goswami, U., Neuroscience and education: from research to practice? *Nature Reviews Neuroscience* 7: 406–413, 2006.
3. Wellcome Trust, How neuroscience is affecting education, *Report of Teacher and Parent Surveys*, January 2014.
4. OECD, *The High Cost of Low Educational Performance*, 2010.
5. Butterworth, B. and Varma, S., Mathematical development, in Mareschal, D., Butterworth, B. and Tolmie, A. (eds), *Educational Neuroscience*, Wiley, 2014, p. 202.
6. Letters, *Guardian online*, 15 March 2015.
7. BBC news, Teachers warn of unqualified staff, BBC/news/education–32174423, 4 April 2015.
8. 보도자료, Prime Minister's Office, 11 March 2015.
9. Kintrea, K., St Clair, R. and Houston, M., *The Influence of Parents, Places and Poverty on Educational Attitudes and Aspirations*, Rowntree Foundation, 2011.
10. Gibbs, S. and Elliott, J., The differential effects of labelling: how do "dyslexia" and "reading difficulties" affect teachers' beliefs? *European Journal of Special Needs Education* 30: 323–337, 2015.

11. Irwin, A. and Wynne, B. (eds), op. cit. (2장의 주석 3을 참조하라).
12. Howard-Jones, P. A., Neuroscience and education: myths and messages, *Nature Reviews Neuroscience* 15: 817-824, 2014.
13. Morrell, F., *Children of the Future: The Battle for Britain's Schools*, Hogarth, 1989.
14. Baron-Cohen, S., *The Essential Difference*, Allen Lane, 2003.
15. Fine, C., *Delusions of Gender: How Our Minds, Society and Neurosexism Create Difference*, Norton, 2010.
16. Jordan Young, R. M., *Brainstorm*, Harvard University Press, 2010.
17. Dekker, S. et al., Neuromyths in education: prevalence of misconceptions and predictors among teachers, *Frontiers in Psychology* 3: 429, 2012.
18. Blakemore, S.-J. and Frith, U., *The Learning Brain: Lessons for Education*, Blackwell, 2005, p. 7.
19. 시리얼 제조 회사인 켈로그가 이 문제에 대해 펴낸 2012년 보고서는 폭넓은 대중적 우려를 낳았다.
20. 다음 사이트를 참조하라. 〈www.SuttonTrust.com/researcharchive/chain-effects-2015/ p7〉.
21. Walsh, V., 개인 통화, 2014.
22. Coe, R., Kime, S., Nevill, C. and Coleman, R., *The DIY Evaluation Guide*, Education Endowment Foundation, 2013, p. 9.

23. Fields, D., Making memories stick, *Scientific American* 292/2: 74-81, 2005.

24. Kelley, P. and Whatson, T., Making long-term memories in minutes: a spaced learning pattern from memory research in education, *Frontiers in Human Neuroscience* 7: 1-9, 2013.

25. 혼란스럽게도 켈리 자신이 몽크시튼 학교가 웹사이트에 올려놓은 병원균과 백신에 대한 간격학습 비디오에서 MMR과 자폐증을 연결시킨 것을 비판했다. 이 비디오에서 교사들은 MMR 백신이 자폐증과 연결된다는 것을 보여 주었다. 2015년 4월에 접속.

26. Kelley and Whatson, op. cit. (이 장의 주석 24번도 참조하라).

27. Brown, P. C., Roediger, H. L. and McDaniel, M. A., *Make it Stick: The Science of Successful Learning*, Harvard University Press, 2014.

28. Kelley, P. et al., Synchronizing education to adolescent biology: "let teens sleep, start school later", Learning, *Media and Technology*, dx.doi.org/10.1080/17439884.2014.942666, 2015.

29. Petticrew, M. and Roberts, H., Evidence, hierarchies, and typologies: horses for courses, *Journal of Epidemiology and Community Health* 57/7: 527-529, 2003.

30. Choudhury, S., McKinney, K. A. and Merten, M., Rebelling against the brain: public engagement with the 'neurological adolescent', *Social Science and Medicine* 24: 565.73, 2012.

31. Stein, J. and Walsh, V., To see but not to read: the magnocellular theory of dyslexia, *Trends in Neuroscience* 20: 147-152, 1997.

32. Fern-Pollack, L. and Masterson, J., Literacy development, in *Educational Neuroscience*, op. cit. (이 장의 주석 5도 참조하라), 다음 문헌에서 인용했음. Shaywitz et al., 2003.

33. Butterworth, *Educational Neuroscience*, op. cit. (이 장의 주석 5도 참조하라).

제4장

1. Foresight, Mental capital and well-being: making the most of ourselves in the 21st century, *Final Project Report*, Government Office for Science, 2008.

2. Beddington, J. et al., The mental wealth of nations, *Nature* 455: 1057.60, 2008.

3. 일부 사람들, 특히 심리학자인 아서 젠센(Arthur Jensen)에게, 추가 지원에도 불구하고 이러한 아이들의 IQ를 높이려는 헤드스타트 계획의 실패는 그들의 유전적 인지능력의 열등함을 입증해 준 것이었다.

4. Heckman, J. J., Skill formation and the economics of investing in

disadvantaged children, *Science* 312: 1900.2, 2006.

5. 당시 보수 정부는 학교 이사진을 재편해 여성들의 선출을 배제했다. 누가 맥밀런과 같은 선구적인 여성 개입론자가 주위에 있기를 원하겠는가?

6. Allen, G., *Early Intervention: The Next Steps, and Early Intervention: Smart Investment, Massive Savings*, Independent reports, HM Government, 2011.

7. Cameron, D., *Speech at Demos,* at 〈www.demos.co.uk/files/cameronspeech〉 2010.

8. Paton, G., Ofsted: 11,000 childcare places axed in 2010, *Telegraph*, 5 May 2010.

9. Lloyd, E. and Penn, H., Why do childcare markets fail? Comparing England and the Netherlands, *Public Policy Research* 17/1: 42.8, 2010.

10. Merrick, B., Guardian, 29 September 2015.

11. Wave Trust and NSPCC, *The 1001 Critical Days: The Importance of Conception to Age Two Period,* The Wave Trust, 2012.

12. Perry, B. D., Childhood experience and the expression of genetic potential: what childhood neglect tells us about nature and nurture, *Brain and Mind* 3: 79.100, 2002.

13. Perry, B. D. and Pollard, R., Altered brain development following global neglect in early childhood, *Society for Neuroscience,* Annual meeting abstract, 1997.

14. Rutter, M. et al., Quasi-autistic patterns following severe early global privation, *Journal of Child Psychology and Psychiatry* 4: 537.49, 1999.

15. 2014년 4월 22일에 브루스 페리에게 받은 이메일.

16. Lewis, P. and Boseley, S., Iain Duncan Smith 'distorted' research on childhood neglect and brain size, *Guardian*, 9 April 2010.

17. Goslet, M., The trouble with Kids' Company, *Spectator*, 14 February 2015; Tryhorn, C., ASA raps 'racist' poster for kids' charity, *Guardian*, 26 August 2009.

18. *Solihull Approach Resource Pack: The School Years*, 2004, p. 99.

19. Lumey, L. H., Stein, A. D. and Susser, E., Prenatal famine and adult health, *Annual Review of Public Health* 32, doi: 10.1146/annurevpublhealth-031210-101230, 2011.

20. Rutter, M., Nature, nurture and development: from evangelism through science towards policy and practice, *Child Development* 73: 1.21, 2002.

21. Noble, K. G. et al., Family income, parental education and brain structure in children and adolescents, *Nature Neuroscience*, doi:10.1038/nn.3983, 2015.

22. Gerhardt, S., *Why Love Matters*, Routledge, 2004.

23. Daly, M. and Wilson, M., *Homicide*, Transaction Press, 1988.

24. Bruer, J. T., *The Myth of the First Three Years*, The Free Press,

1999.

결론

1 Collins, H., *Are We All Scientific Experts Now?* Polity, 2014.

찾아보기

ㄴ

ㅂ

ㅅ

ㅇ

ㅈ

ㅊ

ㅋ

ㅌ

ㅍ

ㅎ